海上絲綢之路基本文獻叢書

西法神機 火攻挈要：附火攻諸器圖

〔明〕孫元化 著 〔德〕湯若望 講授

文物出版社

圖書在版編目（CIP）數據

西法神機 /（明）孫元化著．火攻挈要 ：附火攻諸器圖 /（德）湯若望講授．-- 北京 ：文物出版社，2022.7
（海上絲綢之路基本文獻叢書）
ISBN 978-7-5010-7649-9

Ⅰ．①西… ②火… Ⅱ．①孫… ②湯… Ⅲ．①火炮－製造－西方國家－16-17 世紀②火器－技術史－中國－明代 Ⅳ．① TJ3-091 ② E92-092

中國版本圖書館 CIP 數據核字 (2022) 第 097135 號

海上絲綢之路基本文獻叢書

西法神機·火攻挈要：附火攻諸器圖

著　　者：〔明〕孫元化　〔德〕湯若望
策　　劃：盛世博閲（北京）文化有限責任公司

封面設計：鞏榮彪
責任編輯：劉永海
責任印製：蘇　林

出版發行：文物出版社
社　　址：北京市東城區東直門内北小街 2 號樓
郵　　編：100007
網　　址：http://www.wenwu.com
經　　銷：新華書店
印　　刷：北京旺都印務有限公司
開　　本：787mm×1092mm　1/16
印　　張：15.375
版　　次：2022 年 7 月第 1 版
印　　次：2022 年 7 月第 1 次印刷
書　　號：ISBN 978-7-5010-7649-9
定　　價：98.00 圓

總緒

海上絲綢之路，一般意義上是指從秦漢至鴉片戰爭前中國與世界進行政治、經濟、文化交流的海上通道，主要分爲經由黄海、東海的海路最終抵達日本列島及朝鮮半島的東海航綫和以徐聞、合浦、廣州、泉州爲起點通往東南亞及印度洋地區的南海航綫。

在中國古代文獻中，最早、最詳細記載『海上絲綢之路』航綫的是東漢班固的《漢書·地理志》，詳細記載了西漢黄門譯長率領應募者入海『齎黄金雜繒而往』之事，書中所出現的地理記載與東南亞地區相關，并與實際的地理狀况基本相符。

東漢後，中國進入魏晋南北朝長達三百多年的分裂割據時期，絲路上的交往也走向低谷。這一時期的絲路交往，以法顯的西行最爲著名。法顯作爲從陸路西行到印度，再由海路回國的第一人，根據親身經歷所寫的《佛國記》（又稱《法顯傳》）一書，詳細介紹了古代中亞和印度、巴基斯坦、斯里蘭卡等地的歷史及風土人情，是瞭解和研究海陸絲綢之路的珍貴歷史資料。

隨着隋唐的統一，中國經濟重心的南移，中國與西方交通以海路爲主，海上絲綢之路進入大發展時期。廣州成爲唐朝最大的海外貿易中心，朝廷設立市舶司，專門管理海外貿易。唐代著名的地理學家賈耽（七三〇～八〇五年）的《皇華四達記》記載了從廣州通往阿拉伯地區的海上交通『廣州通夷道』，詳述了從廣州港出發，經越南、馬來半島、蘇門答臘半島至印度、錫蘭，直至波斯灣沿岸各國的航綫及沿途地區的方位、名稱、島礁、山川、民俗等。譯經大師義净西行求法，將沿途見聞寫成著作《大唐西域求法高僧傳》，詳細記載了海上絲綢之路的發展變化，是我們瞭解絲綢之路不可多得的第一手資料。

宋代的造船技術和航海技術顯著提高，指南針廣泛應用於航海，中國商船的遠航能力大大提升。北宋徐兢的《宣和奉使高麗圖經》詳細記述了船舶製造、海洋地理和往來航綫，是研究宋代海外交通史、中朝友好關係史、中朝經濟文化交流史的重要文獻。南宋趙汝適《諸蕃志》記載，南海有五十三個國家和地區與南宋通商貿易，形成了通往日本、高麗、東南亞、印度、波斯、阿拉伯等地的『海上絲綢之路』。宋代爲了加强商貿往來，於北宋神宗元豐三年（一〇八〇年）頒佈了中國歷史上第一部海洋貿易管理條例《廣州市舶條法》，并稱爲宋代貿易管理的制度範本。

元朝在經濟上採用重商主義政策，鼓勵海外貿易，中國與歐洲的聯繫與交往非常頻繁，其中馬可·波羅、伊本·白圖泰等歐洲旅行家來到中國，留下了大量的旅行記，記録元代海上絲綢之路的盛况。元代的汪大淵兩次出海，撰寫出《島夷志略》一書，記録了二百多個國名和地名，其中不少首次見於中國著録，涉及的地理範圍東至菲律賓群島，西至非洲。這些都反映了元朝時中西經濟文化交流的豐富内容。

明、清政府先後多次實施海禁政策，海上絲綢之路的貿易逐漸衰落。但是從明永樂三年至明宣德八年的二十八年裏，鄭和率船隊七下西洋，先後到達的國家多達三十多個，在進行經貿交流的同時，也極大地促進了中外文化的交流，這些都詳見於《西洋蕃國志》《星槎勝覽》《瀛涯勝覽》等典籍中。

關於海上絲綢之路的文獻記述，除上述官員、學者、求法或傳教高僧以及旅行者的著作外，自《漢書》之後，歷代正史大都列有《地理志》《四夷傳》《西域傳》《外國傳》《蠻夷傳》《屬國傳》等篇章，加上唐宋以來衆多的典制類文獻、地方史志文獻，集中反映了歷代王朝對於周邊部族、政權以及西方世界的認識，都是關於海上絲綢之路的原始史料性文獻。

海上絲綢之路概念的形成，經歷了一個演變的過程。十九世紀七十年代德國地理學家費迪南・馮・李希霍芬（Ferdinad Von Richthofen，一八三三～一九〇五），在其《中國：親身旅行和研究成果》第三卷中首次把輸出中國絲綢的東西陸路稱爲『絲綢之路』。有『歐洲漢學泰斗』之稱的法國漢學家沙畹（Edouard Chavannes，一八六五～一九一八），在其一九〇三年著作的《西突厥史料》中提出『絲路有海陸兩道』，藴涵了海上絲綢之路最初提法。迄今發現最早正式提出『海上絲綢之路』一詞的是日本考古學家三杉隆敏，他在一九六七年出版《中國瓷器之旅：探索海上的絲綢之路》中首次使用『海上絲綢之路』一詞；一九七九年三杉隆敏又出版了《海上絲綢之路》一書，其立意和出發點局限在東西方之間的陶瓷貿易與交流史。

二十世紀八十年代以來，在海外交通史研究中，『海上絲綢之路』一詞逐漸成爲中外學術界廣泛接受的概念。根據姚楠等人研究，饒宗頤先生是華人中最早提出『海上絲綢之路』的人，他的《海道之絲路與昆侖舶》正式提出『海上絲路』的稱謂。選堂先生評價海上絲綢之路是外交、貿易和文化交流作用的通道。此後，大陸學者馮蔚然在一九七八年編寫的《航運史話》中，使用『海上絲綢之路』一詞，這是迄今學界查到的中國大陸最早使用『海上絲綢之路』的人，更多地限於航海活動領域的考察。一九八〇年北京大學陳炎教授提出『海上絲綢之路』研究，并於一九八一年發表《略論海上絲綢之路》一文。他對海上絲綢之路的理解超越以往，且帶有濃厚的愛國主義思想。陳炎教授之後，從事研究海上絲綢之路的學者越來越多，尤其沿海港口城市向聯合國申請海上絲綢之路非物質文化遺産活動，將海上絲綢之路研究推向新高潮。另外，國家把建設『絲綢之路經濟帶』和『二十一世紀海上絲綢之路』作爲對外發展方針，將這一學術課題提升爲國家願景的高度，使海上絲綢之路形成超越學術進入政經層面的熱潮。

與海上絲綢之路學的萬千氣象相對應，海上絲綢之路文獻的整理工作仍顯滯後，遠遠跟不上突飛猛進的研究進展。二〇一八年厦門大學、中山大學等單位聯合發起『海上絲綢之路文獻集成』專案，尚在醖釀當中。我們不揣淺陋，深入調查，廣泛搜集，將有關海上絲綢之路的原始史料文獻和研究文獻，分爲風俗物産、雜史筆記、海防海事、典章檔案等六個類别，彙編成《海上絲綢之路歷史文化叢書》，於二〇二〇年影印出版。此輯面市以來，深受各大圖書館及相關研究者好評。爲讓更多的讀者親近古籍文獻，我們遴選出前編中的菁華，彙編成《海上絲綢之路基本文獻叢書》，以單行本影印出版，以饗讀者，以期爲讀者展現出一幅幅中外經濟文化交流的精美畫卷，爲海上絲綢之路的研究提供歷史借鑒，爲『二十一世紀海上絲綢之路』倡議構想的實踐做好歷史的詮釋和注脚，從而達到『以史爲鑒』『古爲今用』的目的。

凡例

一、本編注重史料的珍稀性，從《海上絲綢之路歷史文化叢書》中遴選出菁華，擬出版百册單行本。

二、本編所選之文獻，其編纂的年代下限至一九四九年。

三、本編排序無嚴格定式，所選之文獻篇幅以二百餘頁爲宜，以便讀者閱讀使用。

四、本編所選文獻，每種前皆注明版本、著者。

五、本編文獻皆爲影印，原始文本掃描之後經過修復處理，仍存原式，少數文獻由於原始底本欠佳，略有模糊之處，不影響閱讀使用。

六、本編原始底本非一時一地之出版物，原書裝幀、開本多有不同，本書彙編之後，統一爲十六開右翻本。

目録

西法神機

西法神機

〔明〕孫元化 著

清光緒二十八年楊恒福跋本

西法神機

西法神機

此書爲我嘐孫中丞所著蓋泰西利瑪竇所傳也先生好奇略啓禎間從軍遼左洊升登萊巡撫歷數戰皆火攻取勝其法甚秘迨吳橋激變禍生肘腋中丞歸朝待罪其後人痛之凡著作之有關兵事者輒焚棄而火攻一法亦鮮有傳者幸中丞中表王公式九預留副本遞傳及余且三十年矣因錄之以示同學康熙元年四月嘐城金造士民譽識於古香草堂

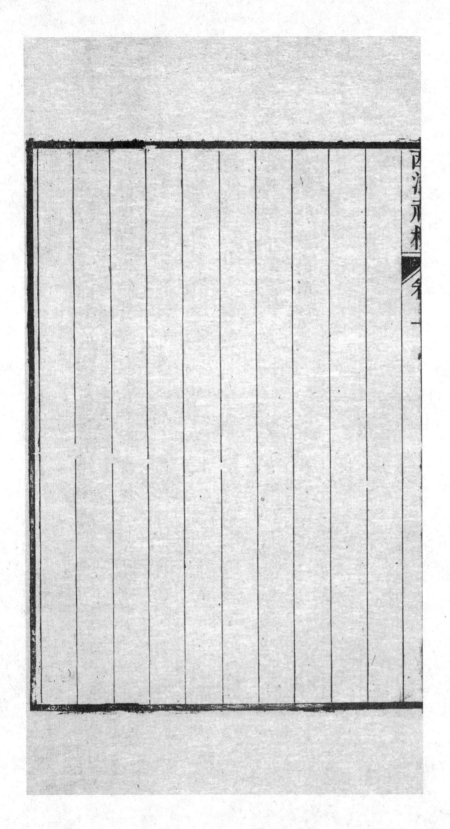

西法神機卷上

嘉定孫元化火東氏著

泰西火攻總說

夫物之不精必需人之巧既精矣有獨力爲用者有相需爲用者若銃車彈藥咸求其精必相需以爲用焉顧一銃也精於理者能知亦精於理者能造成之不易煉之更難若質理粗疏似無罅隙而藥猛火烈立見分崩究其鼓鑄之初未推物理之妙耳夫銅鐵之質理猶人之肌理也人肌理不密則外邪可侵如銅粗疏即火藥易炸鐵理較銅更疏兼有土性非煉去其土則湊理不合而性不純鑄鐵

比銅更爲不易非若銅之有金銀精氣也紅銅百斤可煉出赤金二兩又出山之銅礦與銀同脉故云有金銀精氣銅出礦時被人採去金銀之氣而以鉛補之今欲鍊用必哀其鉛而益以銀庶合本來天性如謬以錫代傷於柔矣工於斯者必按火候審成色幼而習之以至於老鑄百得一卽爲國手摩其式則根株大如斗口徑小如升身不及丈兩傍有耳耳至口卽三分身度之二其火門至底咫與尺之間此大略也若銃最大者口可容八出入也

初試用大木二八土丈餘夾銃而固縶之實藥與彈較常加倍點放數旬完固不變則永無炸損斯成有用之器

夫駕銃以車節其不偏不倚之勢因勢卻行以殺其彈藥出口之烈將發輒而以椿其節短矣既猛烈而益以彈藥其勢險矣勢險節短利器由是而別使臨敵者氣定心專而無炸損之慮戰必勝守必固矣然必車製合宜如獨木刳成而後可又求大木以爲牆牆凡兩面縱度如銃身長嬴尺牆端衡度如底圍折半嬴寸牆末如端減半而曲垂之周緣以鐵穴半規承銃兩耳其距牆端度即銃口徑四聯牆木拴三箭鐵如之貫牆面緊束銃身毋使點放震撼施軸間鐵以轉輪輪用輻輻湊轂轂內以鐵以當軸則承銃於上若吻合一體而無齟齬欲俯仰攻則以木墊上下

之欲左右擊則以輪轂轉移之無不當意者
其彈發遠近度數出幾何編及測量法
至若彈有十種範以鐵必合銃口之徑中空迎風卽爲響
彈凡馬聞之莫不辟易分而爲兩系以鋼條爲分彈或以
鍊合爲鍊彈可以斷豎木截堅甲橫行迅烈不殊拉朽攻
陣無踰圓彈貫以鋼條表而出之銳其兩端夫銃有不同
攻亦有異因異立名則彈有攻城攻寨攻牆之別也或一
彈而分爲四或二彈分而爲四各系鋼條總一樞紐名有
分殊彈無二致若因彈求斤以絜銃則同文算指容圓較
義可考也

火藥不過硝磺炭三品硝取其清以雞卵白煮之出釜成珠注盤成錞明似水晶爲度磺求其淨以牛脂蔴液煉之渣滓澄澈爲度炭擇其輕蔴楷爲上茄梗次之迎春梧柳枝又次之杉木最下三種旣精屑爲微渺非極力杵億萬不能合一以微渺各具其體欲合衆渺以爲體務竭衆力以爲用也故杵愈力則藥愈熱熱則沃以涓滴之水有若水火烹鍊者然是以膠結而不解以鏟疏離纍纍如珠非若今之製藥者求珠不得有意成之者也或謂用杵甚其性益烈能無自燎之防乎不如以釜鎔之藥性自合而無害不知物各有性性各有合有不合不合而強以合惟火

藥爲然而最忌塵沙木屑之入以藥力堅凝完固即礎潤不滋猛烈可想況空中有火麗木則明苟錯雜一粒一萌有不倏火蘊搏激即能發火迸烈矣故蓄藥須曲房邃室疊嶂重垣穴隙宜多以宣洩蘊藏之氣而惟避蒙塵所以製鍊避入非避不淨慮人服染泥沙不覺攜入藥中爲害非小俗忌生人專爲此耳至若物料不淨製合不精具有土性則鬱蒸陰雨濕溢則藥滋縱無木屑塵沙杵臼相戛亦存自爇之患也故用杵臼以銅銅無火性亦無木氣時浥以水雖爇不燃杵到藥成自然湊合若就火鎔之恐物得自由性從其類硝自硝磺自磺炭自炭矣豈能混合成

一體耶豈似銅與鐵必賴水火以完其性又豈若車與木必藉人功以合其用哉故銃車彈藥務合其性而求其精也當其備敵則大銃成行更番點放靡敵於數十里內莫敢向邇況有鳥銃異械以爲近攻窺遠神筒以助遠瞭惟守銃則有用臺之異以故兵少國强糧省用足而具全勝之勢不犯以卒與敵器惡自戕之害有兵事者不可不察若動以官値廉之民間工欲省而竣欲速上欲節而下欲侵爲患大矣

鑄造大小戰銃尺量法

凡鑄造戰銃用彈一斤之上者止論銃口空徑幾何如空

徑三寸則從銃口至火門當得九尺九寸如銃口空徑五寸則從銃口至火門當得一丈六尺五寸如銃口空徑一尺則從銃口至火門當得三丈三尺蓋銃身之長較銃口空徑爲長三十三空口徑也

火門前腹內空徑并周牆實徑其并得虛實三徑則外圍包之共得九徑有半

注曰如銃口空徑三寸者銃腹空徑并周牆實徑之二个三徑計得九寸外圍九徑有半計得二尺八寸五分也餘類推

金氏解曰銃口空徑三寸周牆又二个三寸共九寸徑

一圍三有餘故外周三九二十七寸而加一寸半也
銃耳前腹內空徑并周牆實徑共得二徑半則外圍共得
八徑七分一不足
註曰如銃口空徑三寸者銃腹空徑并周牆實徑之二
徑半計得七寸五分（二徑六寸半徑一寸半共七寸五分）外圍八徑七分
一不足計得二尺三寸六分弱也
解曰八徑七分一不足者謂一徑作七分餘類推
金氏注曰本該七徑半算今借八徑算得二尺四寸內
扣去一徑七分之一應四分三釐實存二尺三寸五分
七釐故曰六分弱也

銃口後內口空徑并周牆實徑其得二徑則外圍其得六徑七分有二

注曰如銃口空徑三寸者內口空徑并周牆實徑之二徑計得六寸外圍六徑七分有二計得一尺八寸八分五釐强也

解曰六徑七分有二者謂一徑三寸作七分每分四分三釐二分八分六釐也餘推此

火門至銃尾厚處照銃口空徑一徑銃尾珠在外火門距銃耳處照銃口空徑十三徑弱耳際照銃口空徑一徑長一徑耳前距銃口處照銃口處空徑十九徑强合之除銃

尾外銃身實得銃口空徑三十三徑也

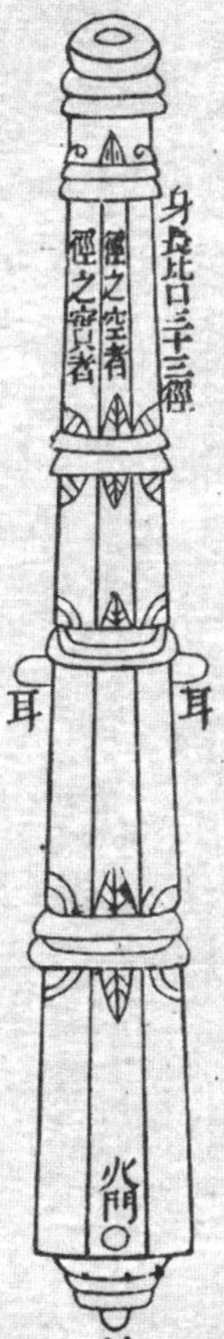

大佛郎機銃子母銃母銃身長照銃口空徑共五十徑至五十五徑而止如銃口空徑五寸者母銃長二丈五尺或二丈七尺五寸也子銃有提梁或五或九以便換裝疊放子銃身長照母銃口空徑四徑子銃火門距銃底一徑

注曰如銃口空徑五寸者子銃得長二尺火門至銃底得五寸也

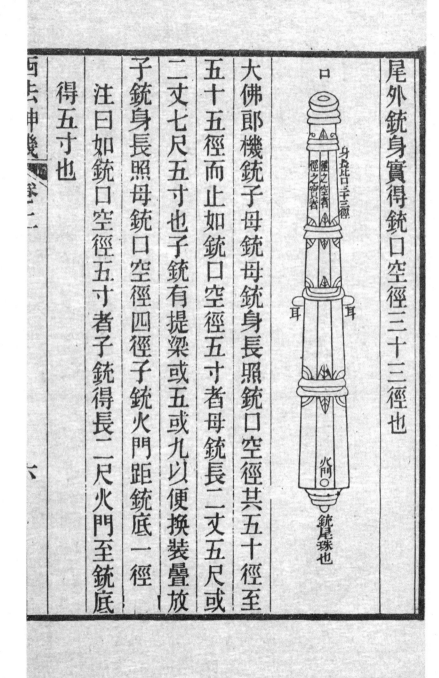

子銃火門腹內空徑并周牆實徑得三徑則外圍共得九
徑七分有一
注曰如銃口空徑五寸者則子銃腹內空徑并周牆實
徑之三徑計得一尺五寸外圍九徑七分有一計得四
尺六寸弱
解曰九徑七分有一者言一徑作七分七九六十三分
又多一分也餘類推
子銃半託圍實徑得徑半半託圍長至銃尾得八徑
解曰如銃口空徑五寸者則子銃半託圍實徑之徑半
計得七寸五分半託圍長至銃尾之八徑計得四尺也

餘類推○

子銃湊箕宜深○後拴鎮壓當緊○箕照銃口空徑半徑○拴照銃口空徑一徑七分二二不足○

解曰如銃口空徑五寸者○子銃入箕半徑○得二寸半也○拴一徑七分二二不足○得見方三寸六分弱也○

解曰一徑七分二二不足○謂一徑作七分○止用五分○尚不足二分也○餘類推○

母銃耳前銃腹空徑○并周牆實徑○得三徑半○則外圍共得十一徑○

解曰如銃口空徑五寸者○銃腹內空徑○并周牆實徑之

三徑半計得一尺七寸五分外圍十一徑計五尺半餘
類推
銃口後一徑處內口空徑并周牆實徑得三徑七分有一
則外圍共得十徑七分有四
解曰如銃口空徑五寸者內口空徑并周牆實徑之三
徑七分有一計得一尺五寸七分强三徑七分有一謂
一徑作七分三七二十一分又多一分也外圍十徑七
分有四計得五寸三分弱十徑七分有四者謂一徑作
七分十得七十分又多四分也餘推此
子銃火門距母銃耳處照銃口空徑二十徑母銃耳處照

銃口空徑一徑長一徑母銃耳前至銃口照銃口空徑二十九徑合之除子銃半託圍拴尾外子母銃實得銃口空徑五十徑也若至五十五徑則耳前加二徑七分有五耳後加二徑七分有二

解曰二徑七分有五與二徑七分有二者謂一徑作七分二七十四五七三十五一多五分一多二分也

造小佛郎機法以熟鐵椎擊爲之子母銃約共重三十餘

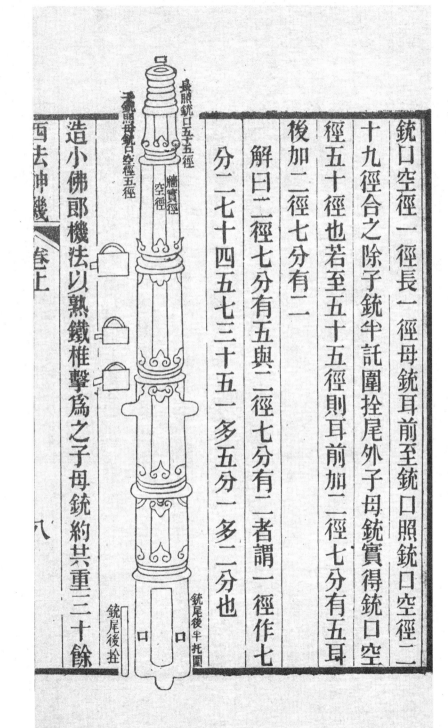

斤口徑一寸母銃管長五尺子銃管長五寸作雌雄鑲銃
槽及尾條長八寸子銃後門長五寸見方二寸鍊鐵貴精
合筒貴密母一而子九子銃之管與母銃之管等母銃之
前管與後管等彈必合口口必合底不得任意寬窄以致
臨用忙迫口厚四分腰厚六分銃尾距銃身二尺五寸處
爲銃耳徑八寸用鐵作半圜丫架以承銃耳豎於如意車
面左右橫木之中鐵架長一尺徑一寸而末尖之點放幾
銃低昂左右咸使合宜
彈用鉛者彈作三分藥用四分平放三百五十步仰放一
千六百五十步

鑄造大小攻銃尺量法

凡鑄攻銃用彈九斤之上者亦論銃口空徑幾何銃身較口空徑止須十七八徑如銃口空徑五寸則從銃口至火門當得八尺五寸或九尺如銃口空徑一尺則從銃口至火門當得一丈七尺或一丈八尺

火門前銃腹內空徑并周牆實徑其得二徑八分有七外圍其得九徑十分有一

解曰如銃口空徑五寸者銃腹空徑并周牆實徑之二徑八分有七計得一尺四寸四分弱二徑八分有七謂一徑作八分二八十六分又多七分也外圍九徑十分

有一計得四五五寸五分九徑十分有一謂一徑作十分九徑作九十分又多一分也餘類推

銃耳前腹內空徑并周牆實徑共得二徑半外圍共得七徑八分有一

解曰如銃口空徑五寸者銃腹空徑并周牆實徑之二徑半計得一尺二寸五分外圍七徑八分有一計得三尺五寸六分強七徑八分有一謂一徑作八分七八五十六分又多一分也餘類推

銃口後一徑處內口空徑并周牆實徑得一徑四分有三外圍得五徑半

解曰如銃口空徑五寸者內口空徑并周牆實徑之一
徑四分有三計得八尺七分五釐
注曰一徑四分有三者謂一徑五寸作四分二四得四
分又多三分也外圍五徑半計得二尺七寸五分餘類
推
火門至銃尾厚處照銃口空徑一徑銃尾珠在外火門至
銃耳處照銃口空徑六徑弱耳際照銃口空徑一徑長一
徑耳前距銃口處照銃口空徑十徑強合之除銃尾外銃
身實得十七徑也如銃十八徑則銃耳後加半徑弱耳前
加半徑強也然攻銃銃腹有屈底平正者有屈凹圓樣者

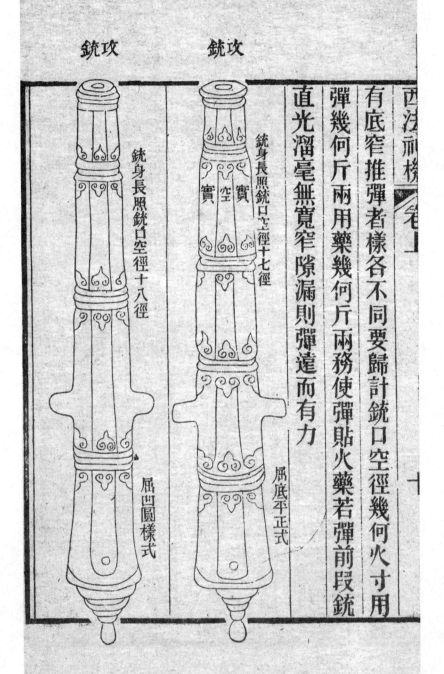

有底窄推彈者樣各不同要歸計銃口空徑幾何火寸用彈幾何斤兩用藥幾何斤兩務使彈貼火藥若彈前段銃直光溜毫無寬窄隙漏則彈遠而有力

攻銃

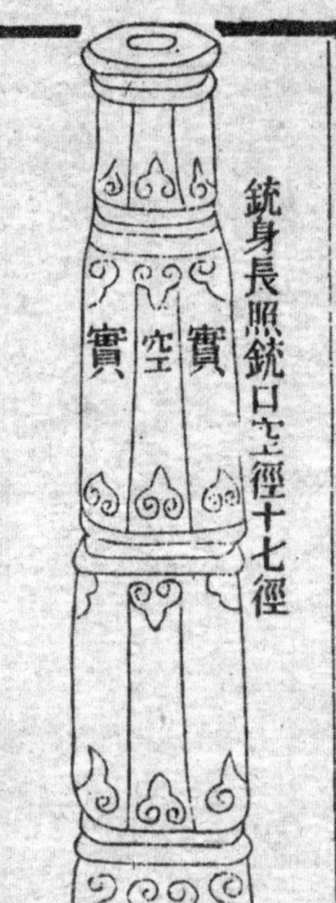

銃身長照銃口空徑十七徑

屆底平正式

攻銃

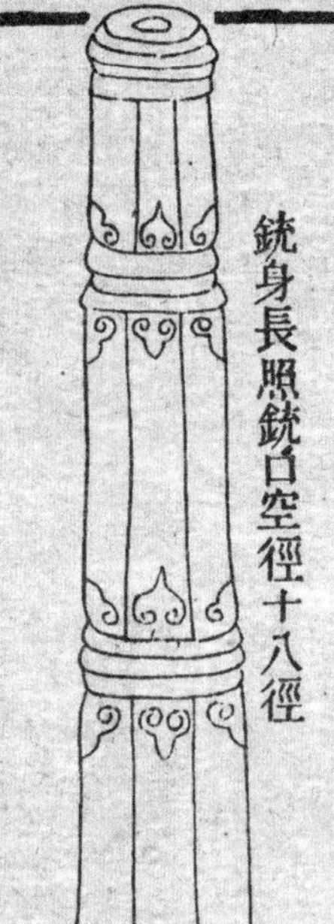

銃身長照銃口空徑十八徑

屆凹圓樣式

攻銃

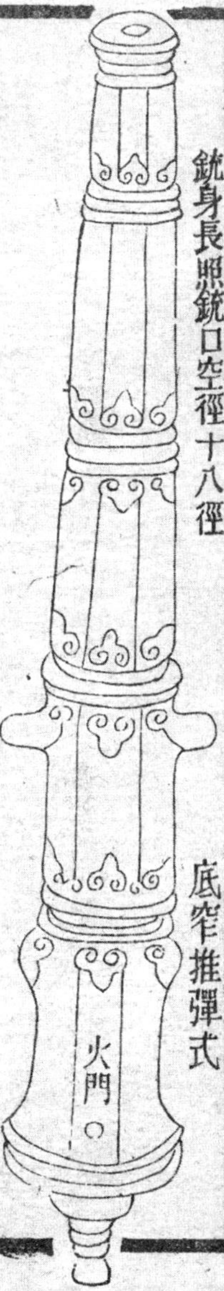

虎唬銃銃身長較銃口空徑二十三徑至二十五徑而止銃腹容彈六十斤以上至百斤者如銃口空徑一尺五寸則從銃口至火門當得三丈四尺五寸或三丈七尺五寸火門前銃腹空徑并周牆實徑共得四徑則外圍共得十二徑七分有三

解曰如銃口空徑一尺五寸者銃腹空徑并周牆實徑之四徑計得六尺外圍十二徑七分有三計得一丈八

尺六寸四分強

注曰十二徑七分有三謂一徑作七分十二徑得八十四分又多三分也餘類推

銃耳前腹內空徑并周牆實徑得三徑半則外圍共得十徑七分有五

注曰如銃口空徑一尺五寸者銃腹空徑并周牆實徑之三徑半計得五尺二寸五分外圍十徑七分有五計得一丈六尺零六分

解曰十徑七分有五者謂一徑作七分十得七十分又多五分也餘並推

銃口後一徑處內口空徑并周牆實徑得三徑則外圍共得九徑七分有二

注曰如銃口空徑一尺五寸者內口空徑并周牆實徑之三徑計得四尺五寸外圍九徑七分有二計得一丈三尺九寸强

解曰九徑七分有二言一徑作七分七九六十三分又多二分也餘類推

火門至銃耳處照銃口空徑九徑弱耳際照空徑一徑長耳前至銃口處照空徑十三徑强除銃尾外合得銃身二十三徑也如銃身二十五徑者耳前加一徑强耳後加一

徑弱也

長如口空徑二十三徑

虎唬式

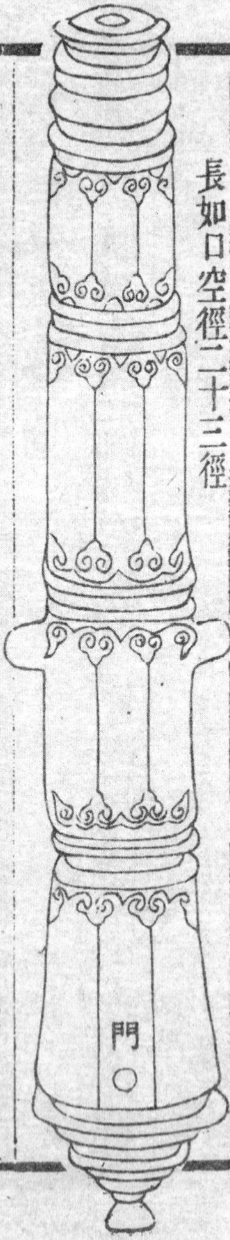

飛彪銃形如鐘銃口空徑最大銃身照銃口空徑或四徑或五徑如銃口空徑二尺者銃身不出八尺與一丈也銃口空徑并周牆實徑得三徑則外圍共得九徑

注曰如銃口二尺者并周牆共得六尺外圍九徑計一丈八尺也餘同

火門前銃腹內裝藥空徑得銃口空徑半徑周牆實徑得

銃口空徑二徑半則外圍共得九徑

注曰如銃口空徑二尺銃腹內半徑止一尺耳并周牆之實徑二徑半共厚五尺計得六尺外圍九徑仍一丈八尺也餘同

銃耳至火門處照銃口空徑銃身五徑者二徑四徑者一徑半耳際銃腹內漸如銃口空徑一徑以裝石彈火門至銃尾厚處照銃口空徑一徑銃耳直徑照銃口空徑半徑長照銃口空徑半徑銃底圓形銃珠在外

飛彪銃形　銃身長照銃口空徑五徑

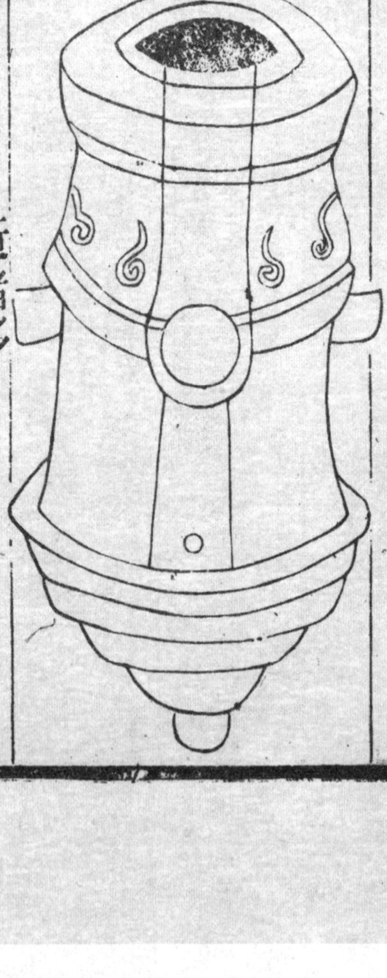

鑄造大小守銃尺量法　近者多遠者少

凡鑄守銃用彈四斤之上者亦論銃口空徑幾何銃身長照攻銃十七八徑而止蓋攻是我去近賊守是賊來近吾用彈不須遠到故銃身只照銃口空徑十七八徑而止也火門前腹內空徑并周牆實徑共得三徑七分有一則外

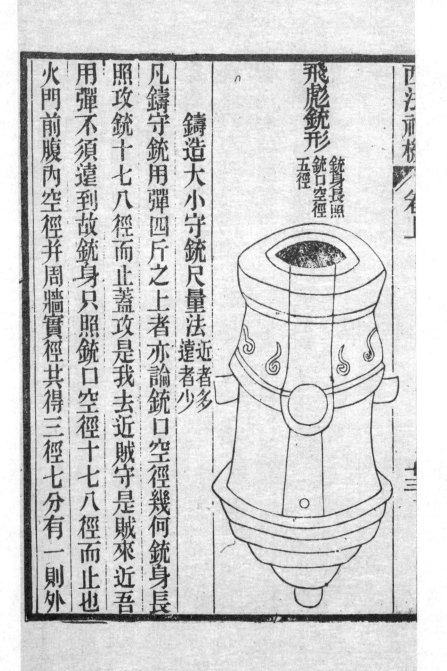

圍其得九徑七分有四

解曰如銃口空徑三寸者銃腹內空徑并周牆實徑之三徑七分有一計得九寸四分强

注曰三徑七分有一謂一徑作七分三七二十一分又多一分也外圍九徑七分有四計得二尺八寸六分强

九徑七分有四謂一徑作七分七九六十三分又多四分也餘同

銃耳前腹內空徑并周牆實徑其得二徑七分有六則外圍其得八徑七分有六

注曰如銃口空徑三寸者銃腹空徑并周牆實徑之二

徑七分有六計得八寸四分强八徑七分有六謂一徑
作七分七八五十六分又多六分也餘同
銃口後一徑處內口空徑并周牆實徑共得二徑則外圍
其得六徑七分有二
注曰如銃口空徑三寸者內口空徑并周牆實徑之二
徑計得六寸外圍六徑七分有二計得一尺八寸八分
强六徑七分有二者謂一徑作七分六七四十二分又
多二分也餘同
火門至銃尾厚處照銃口空徑一徑銃尾珠在外火門至
銃耳銃耳至銃口耳際徑長悉與攻銃尺量同夫銃身既

同攻銃矣周牆實徑并外圍徑每多二三分者何也以守
銃貯臺歳久厚之者愼之也

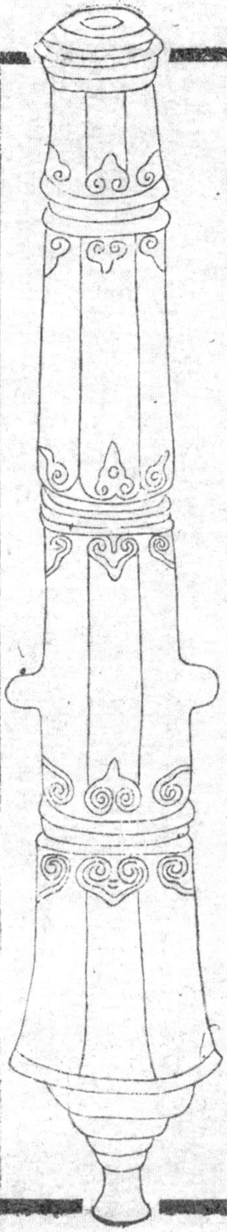

西洋神器一號銃口圍二尺一寸七分內徑二寸七分自
口至耳四尺二寸三分耳圍八寸四分長二寸六分自耳
至火門二尺六寸九分傍耳圍身二尺六寸七分底圍最
大處三尺四寸二分上至火門三寸五分下至銃頂六寸
五分銃頂圍九寸底內徑即口內徑也

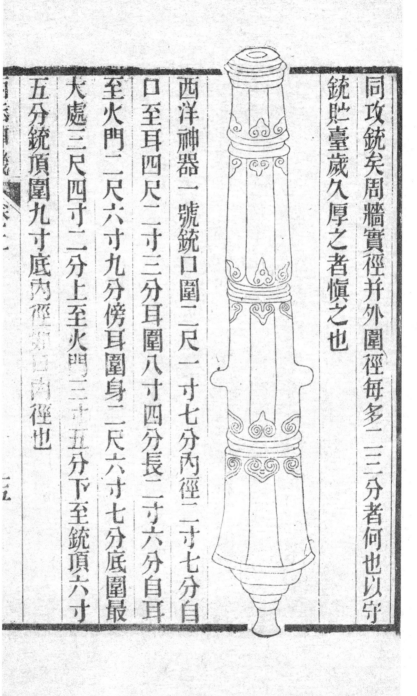

西洋神器二號銃口圍二尺一寸五分內徑二寸六分自口至耳三尺八寸五分耳圍八寸四分長二寸六分自耳至火門二尺四寸傍耳圍身二尺六寸五分底圍最大處三尺四寸上至火門三寸四分下至銃頂五寸六分銃頂圍九寸底內徑如口內徑也

西洋神器三號銃口圍一尺七寸八分內徑二寸四分自口至耳三尺五寸五分耳圍六寸三分長二寸三分自耳至火門二尺四寸傍耳圍身二尺零四分底圍最大處二尺九寸五分上距火門二寸五分下距銃頂三寸五分銃頂圍九寸底內徑如口內徑也

造西洋銅銃說

銃之爲物雖粗其理最精其法最密今世造者狃於省費之言更執流傳之訛椎擊銃管既非一致生熟夾鎔性更懸絕蓋藥以推彈銃以管彈則彈出銃管之際必銃身毫無罅漏毫無偏曲而藥始不旁洩彈始無阻礙也乃椎擊之管能無偏曲乎數接之管能無罅漏乎且用煤炭風箱人力有幾究必一鎔便鑄從何審驗火候成色甚至物料不多具鑄之或再或續有此數端安望其銃之有用哉西法不然先以大木爲銃之外模口徑幾何尾徑幾何長幾何又以二木各刓作半月形

金氏補半月形圖

乘其大木復

以片板側鏤其銃之口徑尾徑而以大木轉展較之無異大木直去半月木始以牛油黄蠟塗之半寸許以刀劃如銃上花紋然後以細麻夾黄土磁灰塗之至再至三至四必厚三寸用鐵條直鑠之鐵箍密縛之再以土塗而以火熨之則木上牛油黄蠟盡入吃土灰之内大木可去而銃之外模成矣另造銃尾之模亦油之塗之鐵條箍之如前復將銃外模用梯扶起以長木透燒三時乃照銃尾周幾何打一熟鐵箍嵌以十字中穴其孔以套銃心之模若銃心之模先以鐵條爲之徑一寸五分條周以灰炭二色均而塗之厚四寸五分綿紗纏之繼以黄土細砂夾寸麻三

色亦均而塗之如其口徑而止務必前後大小如一測片
板測板側直線轉展較之不可少異夫然後以鐵絲經緯
纏之用細砂黃土磁末塗塡鐵絲內再以粗鐵絲捆之猛
炭火燒三時取出待冷定去粗鐵絲又塗以木灰細末其
銃心模之末端套於銃尾模之十字中銃心模之上端鑿
一方眼套於銃口徑之十字中金氏補銃心圖內設鐵圈及十字但宜大
銃耳若小銃則外立鑄時或二或三或四豎立於爐前地窨中銃口
向上銃之鐵心又鐵索壓住地窨方一丈深二丈餘用磚
砌成三面左右口各立石柱鑿以石槽豎銃模時然後以
石板壓之細土墊之鑄銃地宜高燥故地窨半顯如高墉

焉鑄爐貼銃模處以土環作一土竈內徑六尺高四尺下如箕上如蓋中如可藏初出礦紅銅二百餘担者左右開一方孔以便出煙看成色銅初鎔時似未易化化後則銅自能化銅矣其後造臺土窰方其外銳其內通一穴於土竈進其火勢穴寬八寸高二尺五寸斜級而上順風勢也窰之口不對於穴之口穴口在窰鐵網之上（網所以隔炭）窰口在窰鐵網之下網條俱見方三寸疏密得宜惟窰口處稍寬以便擲長木於上猛燒一晝夜柴之炭下於鐵網旁有穴以鐵鍬探取之待其銅花翻滾後於左右方孔處用二長木糙之稍以淨錫點之俟其半時而始鑿前眼放銅汁

水滿其一銃而至二銃三銃四銃夫銅寧令有餘毋使不
足有餘則鍋底銅渣不致混流充數耳鑄畢先去其口徑
之十字待兩日後略冷用輪索穿引鐵條方眼抽取鐵心
心先以灰炭爲之炭遇火亦成灰故易抽也七日乃老始
去銃模再照銃口空徑幾何用六稜鋼鑽鐵條套之銃口
前側架一大輪中嵌鐵條末段主定鋼鑽入銃口內人力
踏轉大輪則鋼鑽自然旋轉銃內自然光表又恐鑽之難
入復於銃尾豎二短柱架二小輪用一橫木押於大輪之
前綑二繩於横木兩端引二繩於小輪架上是大小三輪
一時並舉大者碾光小者碾入鑽光銃管矣此是一氣鑄

就既無鎔漏偏曲之弊又且煉銅純熟可省人力風煽之勞鑄一銃收一銃之用矣

造銃車說

銃彈遠近全賴銃口低昂銃口低昂復憑銃尾高下則架銃耳之車製不可不講矣夫銃有戰攻守之不同車亦有戰攻守之各異請先以車製言之戰直逼前攻臨賊地此時可翼車挨牌圍壘爲營不能移臺作障則銃車利在高大庶任重可以致遠車面牆縱度照銃身贏五徑如戰銃身長三十三徑者三十八徑長五十徑者五十五徑攻銃身長十七八徑者二十二三徑長二十三至二十五徑者

二十八至三十徑也車牆端衡度照銃身火門外圍或四分用三或五分用三或五分用二如戰銃火門外圍九徑半者當得七徑百分一十六大佛郎機火門外圍九徑七分有一者當得七徑七分一不足此四分之三也攻銃火門外圍九徑十分有一者當得五徑百分四十六此五分之三也虎嘋銃火門外圍十二徑七分有三者當得五徑七分二不足此五分之二也車牆末減如牆端衡度折半而曲垂之牆片厚薄視銃重輕加減大約輕者牆薄亦須三四寸重者牆厚可六七寸也周緣以鐵穴半規照銃耳直徑幾何大小以爲深淺其距車牆端度卽銃口空徑之

四聯牆木拴三箭鐵如之貫牆面緊束銃身毋使點放震撼其木拴之三則距牆頭照銃口空徑五徑距牆面照牆端衡度十分之四一則距牆頭照銃口空徑銃身三十三徑者十八徑銃身五十徑者二十六徑銃身十七八徑者十一徑半十二徑半銃身二十三至二十五徑者十四徑半十六徑半距牆面照牆端衡度八分之三一則距牆尾照銃口空徑二徑距牆面照牆尾衡度折半四分之二三横木見方五寸或八寸視銃之輕重以爲大小焉車身濶狹照銃耳外圍徑銃尾外圍徑三分之一木端俱透於牆外六寸以鐵拴拴之牆端横木至牆中横木墊以板長濶

如之厚一寸以乘銃尾鐵箍三徑俱一寸長短照橫木亦透於牆外亦用鐵拴拴之惟牆尾鐵箍端用兩環徑四寸以便貫繩轉動車軸一見方眎銃重者九寸輕者六寸方透面牆照銃耳外圍三分之一透出牆外兩端長者二尺四寸短者一尺六寸即透出處爲端本就徑斲圓距墻二寸其大者二尺四寸小者一尺五寸其大者八寸小者五寸以至端末八寸者七寸强五寸者四寸四分弱其牆所容方軸距牆頭與所受銃耳距等軸眼緣抵牆緣一寸有餘兩端本用鐵箍二挨箍用鐵片照軸圍上稀下密嵌入務與軸平每端二轉以當車轂內外二鐵圈每轉八段計

十六段兩端三十三每長二寸厚三分濶一寸裝輪鐵拴
三每長一尺一寸濶一寸一分厚四分或長六寸七分濶
厚如之車輪二每徑照銃口空徑三寸者十二徑五寸者
十三徑一尺者八徑一尺五寸者七徑中用轂二輪大者
長二尺輪小者長一尺二寸徑各如其長空其中納以生
鐵齒圈向內圈二徑如端本向外圈二徑如端末轂周復
用熟鐵箍每轂內外箍以四道箍鐵俱厚一分餘濶一寸
餘車輻輪大者計三十六根輪小者計二十八根每根見
方三寸兩箕各五寸車輞輪大者十八塊小者十四塊每
厚四寸濶五寸長如割圓每塊輞釘七務透輞木長四寸

五分頭徑八分用鐵眼錢以碾釘脚包輞縫鐵濶三寸厚三分輪大者十八塊小者十四塊塊用碾頭釘六每長二寸五分頭徑二寸三分此是戰攻銃之車製也至若守銃則乘臺施放可減於戰攻銃車尺數車兩牆縱度宜照銃身減二徑如銃身十八徑者止須十六徑牆端衡度照銃身火門外圍五分用三如火門外圍九徑七分有四者只須五徑七分有五規穴乘銃横木鐵箾車軸透牆悉與戰攻銃車等車軸不必分轂輻及輞用五寸厚濶板規也圓其外鏤穴其中嵌生鐵齒圈以乘車軸耳輪徑照銃口空徑三寸者十徑五寸者九徑一尺者六徑包輞條鐵亦如之

箭輪鐵拴亦如之車牆與輪木內外俱用瀝青松香溶塗之以防雨雪

銃者殺人於遠之器也銃臺者我獨殺人之器之法也非煙墩敵臺箭樓之比也宜於關外傍海倚山憑高御遠先造一臺設遠擊十數里之異銃敵不得困我惟我得擊賊也

銃有用銅者有生鐵者有熟鐵者有銅鐵相兼者或鑄或椎輕者可椎重者必鑄生鐵鑄則易炸非廣中出礦初煉者不可用銅鑄用紅銅不用黃銅黃銅質雜易炸也即紅

銅亦須出礦初煉者蓋銅理甚疏初出礦者百分其銅而銀居其一有銀故密而實也奸匠初煉半取之奸商再煉全取之矣今若用銅須復其原質否則炸矣惟銅鐵相兼者眎純銅差省而堅過之亦椎亦鑄可大可小然此最爲精器亦難多得熟鐵小銃用鉗大者用提架庸工所能今分三等一等內徑五寸空長一丈二尺二等內徑一尺空長八尺三等內徑五寸空長六尺五寸徑者鐵彈一尺徑者石彈

佛郎本西洋國名其機之妙全在子銃與母銃二管確合不得增減絲毫故彈自子銃而達母銃不知其爲二管也

特以母銃重故多設子銃更番提換一以便裝二以免熱若子銃之口小於母銃之口二分猶之乎無母銃也若彈形不圓又不能入子銃之腹使藥行數寸而後及彈藥力衰矣猶之乎無子銃也彈既浮於子銃之口纔脫口而母銃又寬力從何得若此者猶之乎無銃無彈也蓋彈必合口口必合底子銃必合母銃若彈緊而不到藥彈寬而先出口枉費工力也若藥不配性彈不合口裝不到底所謂參天而發適在五步之內耳

虎蹲銃稍大矣而長不稱之亦不能遠到且銃管外寬而內窄則出彈無力彈又大小不齊而彈重十四兩藥止十

兩一無力也彈小於管二一無力也管口太寬三無力也

西洋神器車一號車牆板二每長八尺九寸牆頭高一尺牆尾高一尺厚各三寸三分箍鐵三道一圍四尺六寸六分其箍距相等兩牆共六道箍釘共九十三釘長一寸牆頭包鐵二條各長六七尺濶三寸五分厚三分釘共二十釘長三寸牆面至頭一尺爲半圓式受銃耳處深一尺三分濶三寸車底横木三一長一尺兩端龔各二尺横處距牆頭各一尺三寸距牆面八寸四分一長一尺二寸兩端龔各二寸横處距牆頭三尺九寸五分距牆面七寸三分一長一尺四寸外龔各六寸以龔長故用鐵拴二各長六

寸濶一寸厚四分其横處距牆尾六寸五分距尾面四寸俱見方五寸上覆墊板一長三尺濶一尺二寸厚五分鐵箍三徑俱一寸內二項平尾竅一兩頭俱竅其長二尺七寸者附頭横木後長二尺一寸者居中横木前長二尺四寸者居尾横木前小拴二長各三寸拴中與前横箍竅鐵環二徑四寸貫尾箍環竅便繩牽進退高下之車軸一長五尺三寸見方六寸方透兩牆止計二尺一寸兩端各長一尺六寸透出牆面即透出處爲端本就徑斵圓距牆二寸其圍一尺五寸其徑五寸從端本以至端末徑四寸四分弱其牆所容方軸距牆頭一尺與所受銃耳距等兩距

上下相離一尺一寸軸眼緣抵牆緣一寸三分兩端本用
鐵箍二圍一尺八寸濶一寸二分厚二分挨箍以鐵片照
軸圍上稀下密嵌入務與軸平每端二轉以當車輪內外
鐵圈每轉八段計十六段兩端共三十二每長二寸厚三
分濶一寸裝輪鐵拴二每長六寸七分濶一寸一分厚四
分車輪二每徑三尺六寸中用轂其二各長一尺二寸徑
如之空其中納以圈生鐵爲之內向圈二徑五寸外向圈
亦二徑四寸五分外以鐵箍計八向內四圍各三尺六寸
濶一寸二分向外四圍各三尺三寸濶一寸二分輻計二
十八每長六寸兩簨各五寸見方三寸輞計十四塊每厚

四寸濶五寸長如割圓一尺六寸每塊輞釘七務透輞木共九十八每長四寸五分頭徑八分鐵眼錢九十八用以轉釘脚包輞縫鐵條十四塊每長一尺六寸濶三寸厚三分每塊用碾頭釘六共八十四每長二寸五分頭徑二寸三分

四方八面而出者曰輻

軸一居中者也轂二近軸者也上因軸圓曰圓軸下因軸方曰方轂轂外如蓬

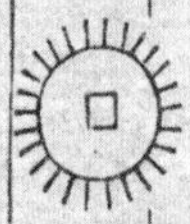

車軸揆齒計二十八外圈包輻者曰輞計七如牛車之盤

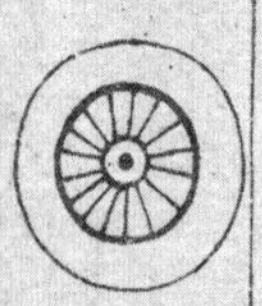

輪者軸轂輻輞之總名也　金氏補圖

西洋神器車二號車牆板二每長八尺九寸牆頭高一尺牆尾高一尺厚三寸三分箍鐵三道一圍四尺六寸六分濶二寸六分一圍四尺四寸濶二寸五分一圍三尺三寸六分濶二寸二分俱厚二分其箍距相等兩牆其六道箍釘其九十三枚每長二寸牆頭包鐵二條每長六七尺濶三寸厚二分釘其二十隻每長三寸車牆面距頭一尺爲半圓受銃耳深二寸三分濶三寸車底橫木有三其一長一尺兩端鑲各二寸橫處距牆頭一尺三寸距牆面七寸其一長一尺二寸兩端鑲亦各二寸橫處距牆頭三尺八寸五分距牆面五寸五分其一長一尺四寸外鑲各六寸

以箕長故用鐵拴二各長六寸濶一寸厚四分其橫處距牆尾七寸距尾面三寸俱見方五寸上覆墊板一長三尺濶一尺二寸厚五分鐵箍三徑俱一寸內二頂平尾竅一兩頭俱竅其長一尺七寸者附頭橫木前長二尺一寸者居中橫木後長二尺四寸者居尾橫木前小拴二長三寸拴中與前橫箍竅鐵環二徑四寸貫尾箍竅用環者便繩牽進退高下之車軸一長五尺三寸見方六寸方透兩牆止計二尺一寸透出牆面兩端各長一尺六寸卽透出處爲端本就徑斲圓距牆二寸其圍一尺五寸其徑五寸以至端末徑四寸四分弱其牆所容方軸距牆頭一尺與所

受銃耳距等兩距上下相離一尺一寸下軸眼緣抵牆緣一寸三分兩端本鐵箍二圍一尺八寸濶一尺二分厚二分挨箍以鐵片照軸圍上稀下密嵌入務與軸平每端二轉以當車輪內外鐵圈每轉八段計十六段兩端共三十二每長二寸厚三分濶一寸裝輪鐵拴三每長六寸七分濶一寸一分厚四分車輪二每徑三尺六寸中用轂共二各長一尺二寸徑亦如之空其中納以圈生鐵爲之內向圈二徑五寸外向圈二徑四寸五分外以鐵箍計八向內四圍各三寸六分濶一寸二分向外四圍各三寸三分濶一寸二分輻二十八每長六寸兩篗各五寸見方三寸輞

計十四塊每厚四寸濶五寸長如割圓一尺六寸每塊輞釘七務須透木共九十有八每長四寸五分頭徑八分鐵眼錢亦九十八以便轉釘脚包輞縫鐵條十四塊每長一尺六寸濶三寸厚三分每塊用碾頭釘六共八十四每長二寸五分頭徑二寸三分

西洋神器車三號車牆板二每長七尺七寸牆頭高一尺七寸牆尾高一尺一寸厚二寸五分箍鐵三道一圍三尺九寸濶二寸一圍三尺四寸濶一寸七分俱厚二分其箍距相等兩牆共六道箍釘共七十七每長二寸牆頭包鐵二條每長四尺二寸濶二寸五分厚二分釘共十六每長

三寸車牆面距頭八寸爲半圓受銃耳深二寸一分濶二寸七分車底横木有三其一長七寸兩端鑲各一寸五分横處距牆頭八寸五分距牆面五寸五分其一長九寸九分兩端鑲亦各一寸五分距牆頭三尺四寸八分距牆面四寸六分其一長一尺二寸外鑲各五寸以鑲長故用鐵拴二各長六寸厚四分濶一寸其横處牆牆尾七寸距牆面三寸俱見方四寸上覆墊板一長三尺濶一尺一寸厚四分鐵箭三徑俱一寸内二頂平尾竅一兩頭俱竅其長一尺四寸者附頭横木後其長一尺七寸七分者居中横木前其長二尺者居尾横木前小拴二長二寸拴中與前

横筩竅鐵環二徑四寸貫尾筩竅環便繩牽進退高下之
車軸一長四尺五寸見方五寸方透兩牆止計一尺七寸
透出牆面兩端各一尺四寸即透出處爲端本就徑斵圓
距牆二寸其圍一尺二寸其徑四寸以至端末徑三寸五
分弱其牆所容方軸距牆頭六寸五分與所受銃耳距羸
二寸兩距上下相離一尺下軸眼緣抵牆緣一寸兩端本
鐵箍二圍一尺五寸濶一寸厚二分挨箍以鐵片照軸圍
上稀下密嵌入務與軸平每端二轉以當車輪内外鐵圈
每轉八段計十六段兩端共三十二每長二寸厚三分濶
一寸裝輪鐵拴二每長五寸濶一寸厚四分車輪二每徑

三尺中用轂其二各長一尺徑如之空其中納以生鐵圈內向圈二徑四寸外向圈二徑三寸五分外以鐵箍計八向內四圍各三尺濶一寸二分向外四圍各二尺七寸濶一寸二分輻計二十四每長五寸兩旁各四寸見方三寸輞計十二塊每厚三寸四分濶四寸三分長如割圓一尺六寸每塊輞釘七務透輞木共八十四每長四寸三分頭徑六分鐵眼錢亦八十四用以轉釘脚包輞縫鐵條十二塊每長一尺六寸濶二寸四分厚三分每塊用碾頭釘六共七十二每長二寸五分頭徑二寸

銃臺圖說從贊遼稿畧摘補

造臺之制取高瞭亦資遠擊銃大則遠臺高叉遠今人每疑在高不能取準者未聞用銃之法也請先約略言之夫銃之行也全用其直勢亦半用其曲勢曲勢過半不能殺人矣銃有四種遠銃三種近銃雖遠銃利攻近銃利守然可並濟也銃頭低昂合於天度別有器量二種一方方度二十四一圓圓度九十方器以量敵營之遠近圓器以量銃頭之高低平時先以方器就所據之臺量來路高下幾何遠近幾何宜用何銃每里即立一表或樹或石次以圓器就所用之銃試擊之視銃頭高幾度者至何處低幾度者至何處臨時視敵所至即依所定度數擊之有此器具

有此算法故任所處而百變不窮一成不誤故敢任敢言也銃法既明乃論臺法今人每疑銃能震臺者未審用銃之理也請再約略言之夫銃氣出口空氣相激氣之動也最捷故山谷皆答其近而裂者則能排牆能撼石然銃勢向前火性從上藥力四潰有三理焉卽有排撼其傍受之未有其下其後受之者也故牆在銃前銃傍可震今銃在臺上必無震理亦惟有格致故敢任敢言也夫守必以銃爲利銃必以大爲神而又可用於臺且無害於臺則奈何造臺者不爲用銃計乎夫銃我欲擊人先虞人之奪我而且困我也凡敵至城下則銃不及矣有棚梯則拋石滾木

無用矣是以出爲馬面臺使我兵從馬面臺横擊也然敵又以棚梯薄臺安從横擊故法宜出爲銃角銃角者猶推敵於角外以就我擊故銃無不到而敵無得近也今築城則馬面臺宜爲小銃角如第一圖城之四隅宜爲大銃角如第二圖若止築臺則或於四隅爲大銃角如第三圖或於四面各出小銃角如第四圖城虛而銃角皆實故城體薄而銃角皆厚臺則體與角皆實皆厚城用大銃於角而鳥鎗弓矢助之於牆臺用大銃於中而鳥鎗弓矢助之於角用大銃之處傍出土筐一以防銃二以代堵蓋銃最爲害器雖精猶恐裂也故防之筐隱人於後旣隔銃亦扞敵

矣堵薄故易震旣設筐遂不設堵矣用鎗矢之處不獨堵之因其堵以蓋其房因堵之口以爲其窗因窗之懸板以爲其牌我在牌之下房之內我得見敵擊敵敵不得見我擊我也故城之上設堵於牆卽爲營房臺之上設堵於角卽爲望房使其飲食坐臥於斯用志不紛矣角之銃者西法也堵之卽爲營房者閩粵秦晉皆有之也其臺之向內一面設級以登更以矮牆護之鐵門扃之矮牆一門由門登級由級入房通級之房亦以鐵門扃之虞牆之破也臺上宜爲藥窨宜爲水庫別有法度必蓄二十人受圍十日之需而可矣銃以强兵臺以强銃臺有一定之形勢面角

有一定之周徑廣狹其直其折其平有繩矩其虛其實其屯營其更舍有方位稍不合法不可用銃也銃則銅錫之劑量煉鐵之火候內外徑之厚薄前後徑之加減彈與藥之重輕亦莫不有比例稍不合法不惟不能害敵且以自害而其用之也有床法有車法有七法有裝法有放法有涼法有衛法稍不合法亦自害敵在十里之遠營中帳帳中人有看法有測法有照對法有約度變通法敵已至臺我高彼下有互擊法有聯擊法

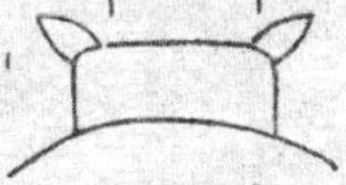

第一圖
馬面臺

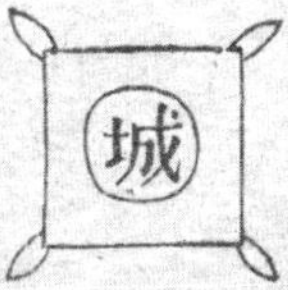

第二圖
大銃角

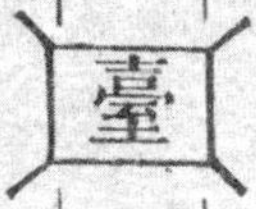

第三圖

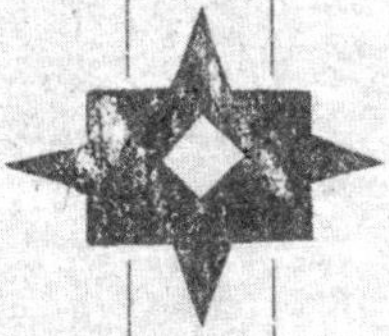

第四圖

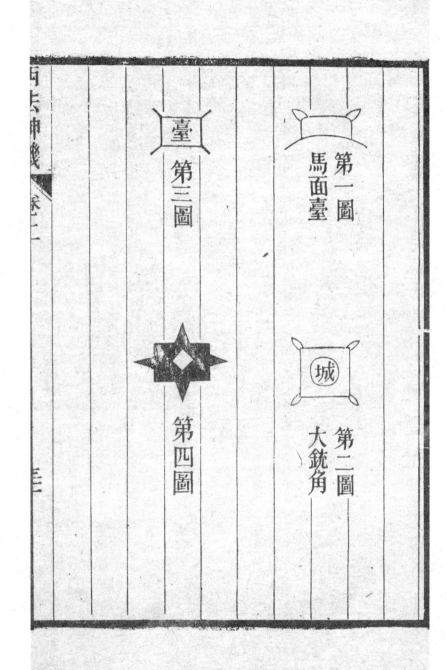

西法神機 卷上

三

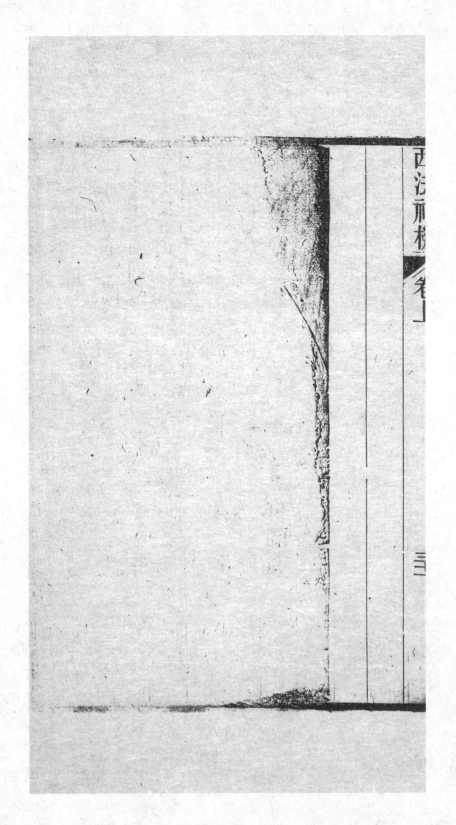

西法神機卷下

嘉定孫元化火東氏著

造鐵彈法 查同文算指圓容較義再查幾何原本

夫銃既盡法矣乃彈不遠以藥不精之故也藥精矣乃彈對眞又不及豈盡可以咎藥哉譬之銃猶弓也彈猶矢也良弓雖良能使歪斜不調之箭命中乎當先以銃口徑幾何大小爲一大周線仍照規半徑幾何點周線爲甲爲乙復以甲乙之規跨量爲丙卽將規分開從丙至甲將丙甲同規自乙至丁丁至大周線幾何濶窄復分爲三股虛其一股以規再圓小周線一圍而彈始中式可用然後照小

周線樣鏤一木板車一木彈展轉較之無差而以木彈爲鐵之模雖百年老手不得任意大小則臨期用彈自無寬窄之誤矣

西洋大彈式十種　凡彈必合銃口徑以爲圓形故不預定大小斤數

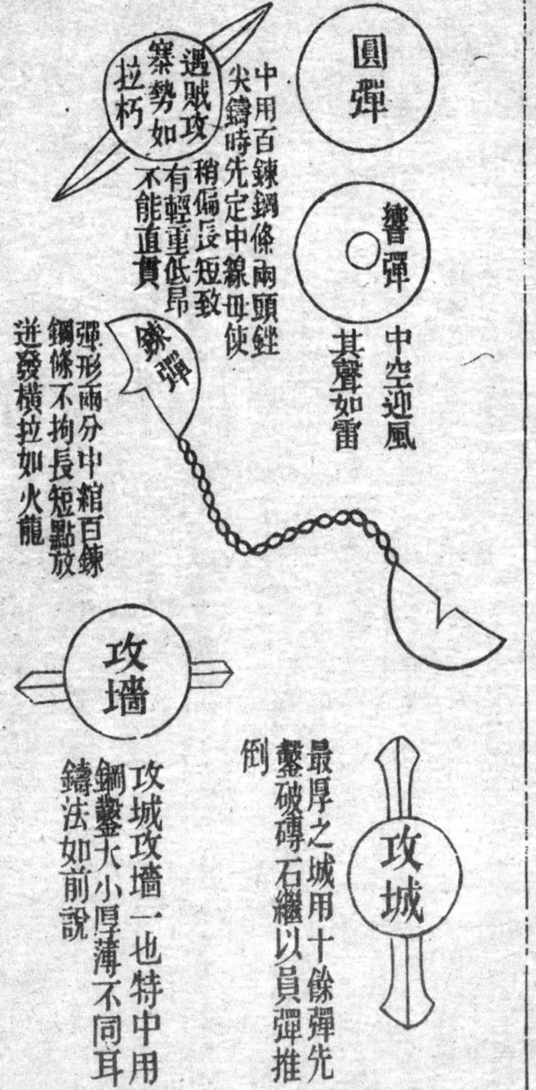

中空迎風
其聲如雷

中用百鍊鋼條兩頭銼尖鑄時先定中線毋使稍偏長短致有輕重低昂不能直貫

彈形兩分中綰百鍊鋼條不拘長短點放迸發橫拉如火龍

最厚之城用十餘彈先鑿破磚石繼以員彈推倒

攻城攻墻一也特中用鋼鑿大小厚薄不同耳鑄法如前說

西法神機　卷下　二

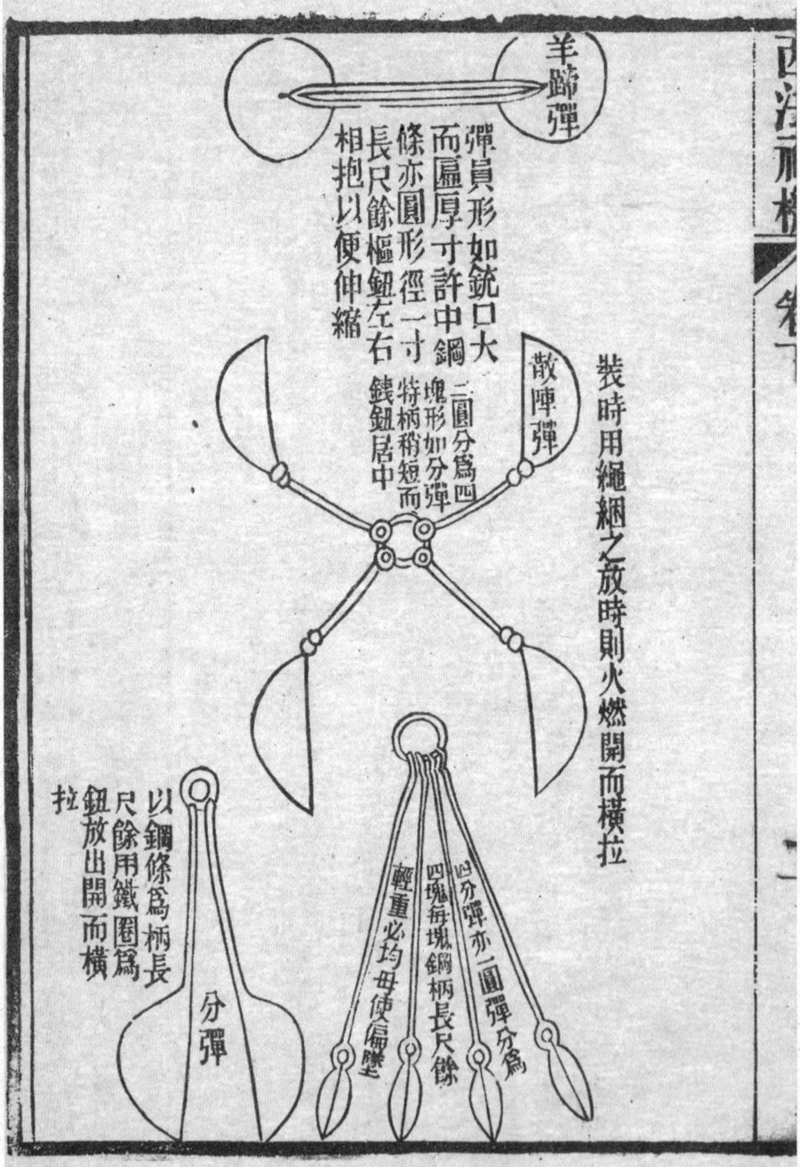
羊蹄彈
彈員形如銃口大而扁厚寸許中鋼條亦圓形徑一寸長尺餘樞鈕左右相抱以便伸縮
散陣彈
二圓分爲四塊形如分彈特柄稍短而錢鈕居中
裝時用繩綑之放時則火燃開而橫拉
四分彈亦二圓彈分爲四塊每塊鋼柄長尺餘輕重必均毋使偏墜
分彈
以鋼條爲柄長尺餘用鐵圈爲鈕放出開而橫拉

立圓開方問徑法。 今有立圓積六萬二千二百八尺。問立圓徑若干。法曰。置積六二二八。以十六乘之。得九十九萬五千三百二十八尺。以九歸之。得一十一萬五百九十二尺爲實。以開方法除之。初商四十於左。亦置四十於右。四四自乘。得一百六十四與一六再乘之。得六萬四千。除上實。餘實四萬六千五百九十二尺。另以初商四十。以三因之。得一百二十。爲方法。列位次商八尺。於初商之次。亦置八尺於下法。共四十八尺。就以次商八尺乘之。得三百八十四尺。爲廉法。以方乘廉。得四萬六千八百八十尺。除實。又另置次商八尺。自乘再乘。得五百一十二尺。爲隅法。除實恰盡得立圓徑四十八尺。此立圓球也。

解曰平圓不離平方。立圓不離立方。以十六乘九除之。得十一萬五百九十二尺者。即立方之積也。以開立方法除之。得立方面。即立圓徑也。其以十六乘九除者。立圓得立方十六分中九分。四隅得七分也。平圓得平方四分之三。圓得三分。四隅得一分也。立圓如球。四隅所餘加參。將十六三因四歸。得十二。是平圓數。又將十二三因四歸。得九。是立圓數。是十六分之九分。乃兩次三因四歸之數。猶之一乘再乘也。立方是一乘再乘而得。立圓亦本立方一三因四歸再三因四歸而得也。將立方面四十八尺一乘再乘得立方積十一萬五百九十二尺又兩次三因四歸一百得六萬二千二百八尺即立圓之積也若因徑問積以徑四八一乘再乘得積用九因十六歸得立圓積也

立圓開方問周法　今有立圓積六萬二千二百八尺問立圓周若干法曰置積數以四十八尺乘之得二百九十八萬五千九百八十四尺為實以開方法除之初商一百尺於左自乘一萬再乘百萬除實訖次商四十於左初商一百之次位就於下法置初次商共一百四十自乘得一萬九千六百又置初次其商一百四十以初商一百乘之

西法神機　卷下　四

得一萬四千。又置初商一百。自乘一萬。併三數共四萬三千六百。以次商四十乘之。得一百七十四萬四千。除實訖。餘積二十四萬一千九百八十四尺。再商四尺於左初商一百四十之下。亦置四尺於下法共一百四十四尺。自乘得二萬七百三十六尺。又置初次三商一百四十四尺以初次商一百四十尺乘之。得二萬一百六十尺。又置初次商共一百四十尺。自乘得一萬九千六百。併三數共六萬四百九十六尺。以三商四尺乘之。得二十四萬一千九百八十四尺。除實恰盡。得周一百四十四尺也。

解曰。問周而以積四十八乘之者。一个圓周係三个圓徑即三个方面也以三个方面自乘橫豎皆三个得九个平方也再以三个方面乘之高俱三个每一个平方因作三个立方其三九二十七个立方也立圓得立方十六分之九將二十七以十六因之得四百三十二以九歸之得四十八是四十八个立圓積合二十七个立方積也故以四十八乘立圓積得二百九十八萬五千九百八十四尺即二十七个十一萬零五百九十二尺立方積也

金球問徑法　今有金球積一百二十一寸五分問球徑若干置積一二一五以十六乘之得一千九百四十四寸

以九歸之得二百十六寸爲實以開立方法除之初商六寸自乘得三十六寸再乘得二百一十六寸恰得球徑六寸。

凡鐵彈鉛彈以此爲準則方寸鐵重六兩方寸鉛重九兩五錢方寸青石重三兩也。

金球以徑問積歌。　有个金球裏面空球高尺二厚三分一寸自方十六兩試問金球多少金。　法曰置球十二寸一再乘之得一千七百二十八寸九因十六除得九百七十二寸爲金球積。　另置球高十二寸將上下實牆各三分并得六分以減十二寸得球內空徑一十一寸四分亦用一乘再乘得一千四百八十一寸五分四釐四毫九因十六除得八百三十三寸三分六釐八毫五絲為球內空積以減全金球之積實存金一百三十八寸六分三釐一毫五絲每寸一斤作一百三十八斤其零者以斤兩加六法又得十兩一錢四釐并之得球之重

凡彈有中空藏鍊者以此算法為準則

方五斜七圍三徑一其實每方五步斜得七步零七釐一毫零六忽七微八纖一沙一塵八埃六渺五漠四七五二四四不盡也每圓徑五十尺周一百五十七尺徑七尺周二十一尺徑三十二尺周一百尺也

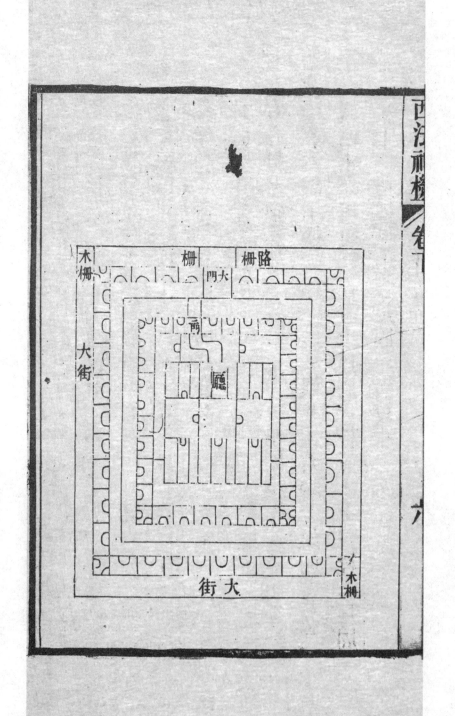

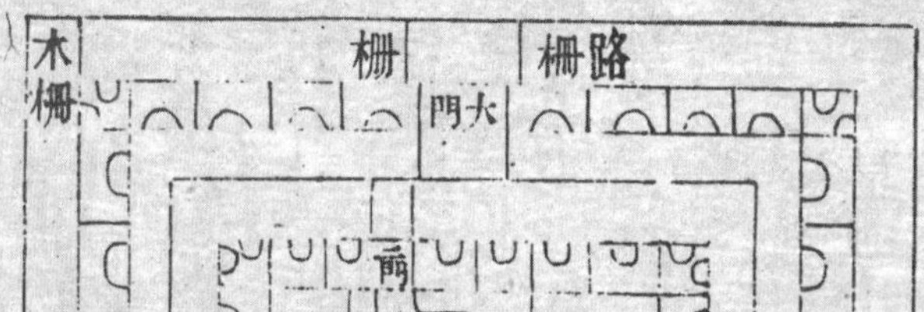

木柵
柵
路柵
大門
前
廳
大街
大街
木柵

火藥庫圖說

事有今人所迂而不肖以爲最急者未運米先造倉未聚兵先造房未合火藥先造庫也彥威不弃令將作從不肖受指揮不肖聞命爲畫圖而說解之時壬戌六月從經略巡寨上下馬篝燈走馬馳報殊愧不文然匠亦無庸文也火藥庫之制宅之欲其中以遠火也簷用包牆不露椽柱以遠火也四圍圍房愈多爲貴以遠火也本止用牆而易以房者有其地有其牆因并作庫無使地費牆費也度庫地之廣袤南北二十三丈東西二十八丈設藥局於中央前後兩層東西九間其外餘地尚可圍二房兩圍之間尚

可圍一牆內圍房俱向外其後包簷使房之火不通庫也外圍房俱向內其後包簷使四鄰之火不通房也兩圍房之間又圍一牆使兩房之火不相通也大門正對庫廳由大門東折而二門由二門西折而庫廳凡火或乘風勢而來路直則徑破故欲其曲也外圍房既向內而四隅各有向外房二間以居邏卒使出頭見路且在隅則彼此相望無隱藏也庫之東北兩面皆大街既與鄰隔其南則留大路以隔南鄰且便往來其西則留小路以隔西鄰（金氏曰留小路者必置庫之地適限於地耳不然不必獨小）且通巡緝也南路之東口與西路之北口木柵之夜則鎖之其鑰守卒掌之大門之傍左右

各柵之鎖之官至則開其鑰官掌之鎖以防奸柵以通瞭睬使廵者守者不必進街而可以直見又不必至門而可以互見也兩圍房之間因其牆以爲內圍房之總門或四間而隔或三間而隔或五間而隔每隔一門每門一庫每庫一器睬其器之多寡以用其房總鍵之題而識之收便取亦便也外圍房之內面如廊焉或遮以櫺落每三四間合一大間每一大間內隔一厚牆每一隔總一大門此以藏車牌鎗筅等亦視其器之大小以用之其間大所以便收貯其門大所以便出入隔以厚牆者爲房之骨凡房空則跛倚預度其設牆之處爲柱焉則不費梁矣正庫兩層

前層之中三間合爲一堂以待官府堂之後九房皆向南而堂左右各三房皆北向欲庫門之在廳後使官入廳而人不得窺庫也廳後分爲五庫庫各三間一庫則一牆隔之一門扃之使官入一庫而人不得窺他庫也二門之後堂之前左右各一牆隔之一門扃之使官入廳而人不得入夾道窺庫後也東西夾道之內對庫脊各橫隔通小洞口焉使庫之不東西倚也外圍房之內既有夾道以通各外庫視牆內兩隔之間於牆外又橫隔一牆各通洞口焉使圍房與圍牆相依爲固也藏藥者藏兵器者板墊之高一尺五寸壁之風孔亦高一尺五寸無太濶高取其通狹

取其固也凡風孔宜在室之四隅隅者氣之所盤聚也風之則無不風矣氣蒸平上孔與板等高則板之下卽風矣或以銅絲網其孔必無落入捲入之火矣藥庫四壁皆包簷然亦宜通氣則於每室四隅當簷溜之下爲曲孔焉又以銅絲網焉必無飛空颺入之火矣官廳及門房之左右壁高至於脊勿露柱四隅更鋪之左右壁高至於脊勿露柱官廳之門勿用槅地勿加蓆勿糊紙二門及五庫之門勿露木必無因物延入之火矣其丈尺則正庫各深二丈正間濶一丈四尺餘各濶一丈三尺內外兩圍房各深一丈六尺各濶一丈二尺正庫之空地深三丈正庫外之夾

道南二丈北東西各一丈五尺外房內之夾道四面各一丈五尺衆庫前之院各一丈五尺南之大路一丈六尺西之小路八尺蓋以南北而言之則圍房四層共六丈四尺外兩夾道共三丈內兩夾道共三丈五尺內圍房前之兩院共三丈兩正庫共四丈庫內空地三丈南路一丈六尺并之爲二十丈也以東西而言之則圍房四層共六丈四尺外兩夾道共三丈內圍房前之兩院共三丈正庫房十一丈八尺西路八尺并之爲二十八丈也

煉火藥總說

火藥配合分兩毋論中國南北不同卽泰西亦傳授不一

盍不於炭硝磺之性理一調劑之乎夫柳炭木火也硫磺土火也焰硝水火也木火輕烈土火沈重水火流暢性也理也調劑不因其性不得其理用之必不遂意若欲迅速快便必將硫黃去下面黑脚研極細末仍水飛過入藥方不滚珠柳炭須清明後採取如筆管大者去皮去節有皮則多煙有節則迸炸焰硝以雞子清煉之每硝一斤雞子一枚不惟去硝中渣滓兼去水中鹹味是以雞子之外又用萊菔豆腐葫蘆等類以拔去其鹹煉硝之水宜雨水雪水次用長流水蓋不得已耳深忌井水有鹹味故也每硝半鍋水用一鍋雞白趁冷卽攪入鍋內待滚起澄又入萊

蓖等物硝鍋初出火時必須用蓋蓋定勿掀動泄氣恐硝中照渣不肯隨流而出照渣者形如粗米粉此物最能滚珠與鹽鹹同害直待兩日後水冷硝凝之時將硝圐圙取起用布包好再以淡水澆之置於灰上令撒淨晒乾方得潔淨已上三味如此製煉明白研成細末然後先將硫磺與柳炭調和極勻使土木二火合作一家彼此相濟再入製硝和搗成珠大約藥一斤水一碗研搗之八約以成藥之時在渠掌中點試自然不敢苟耳　又法將硝一半研細一半用水開化研搗時用硝水拌三味更覺渾化蓋欲使輕烈之火泛起沉重之火俾與流暢之火一齊行走甚

得三物之性理俱列備用　搗法三種各各精製照各方稱準明白然後和勻入銅鑲木臼以銅包木杵搗之復以酸菓汁點淨雨水泉水不時洒濕搗之選有力搗藥之人須擇勤慎者莫使砂石蒙塵毫釐入藥恐打熱之際石能生火亦勿著鐵器鐵亦能生火也藥搗萬杵後用木板試放略無渣滓煙起白色快且直者爲妙卽以粗細夾篩篩過粗者成珠在上細者在下略放樹下映日晒乾勿經暴日恐日中有火焚燎耳照乾後以內外有鈂磁罈收之如日久有溫氣再取酸菓汁破雨水泉水洒溼搗過如前點放自然遠到矣

煉硝又法每硝一斤雞子二个先審硝質何如以卵白加減煉之不拘於一卵也亦量鍋大小可容硝幾何大約以硝平鋪半鍋爲度假使半鍋之硝重二十五斤卽用雞卵二十五枚別鍋擊開去黃用清與殼投別鍋內以手碎殼極力打勻漸加以水傾入硝鍋以蛋清浮於硝面三寸爲度然後煑之以不作稠狀不時攪之將沸則沫浮沸甚則沫亦甚以密眼銅杓兜掠其沫并取其渣滓則清澈可鑒毫末以涓滴成珠爲度但滴時不宜逼近火傍亦不宜避火躭閣近火難凝傷於太老遠火易凝傷於太嫩其法以草莖蘸出硝汁卽轉身背火滴於指甲上試之以成珠爲

度預放有鋭磁缸缸口覆苧布二層將鍋硝傾入罎貯潔淨之所俟七日後成鎗去水復晒乾搗細重絹篩羅聽用

又法硝以雞子白煉硝一斤蛋二枚硝不潔者加蛋數枚先以蛋白攪勻訖次將硝下鍋水高二指復將蛋白水傾入大滚數次則硝渣蛋白俱浮鍋面以竹笊抄起又用細麻布濾過再易淨鍋重將硝水傾入用文火煮成冰塊置鍋冷地一日則鹽在下而硝在上只取上硝研細用

煉磺又法每磺十斤用牛油蘇油各一斤將牛油分半斤與蘇油入鍋內盪滌之鍋經油染磺不粘滯然後以搗細之磺徐徐投入即投即攪如不能即化就磺中戳一窩以

存下牛油八兩納入窩中以牛油之潤殺磺燥性不即燃耳俟磺盡鎔乃以有鈂缸盆覆以蒲蓆以當漉巾以磺傾注淸液自下砂石自留於上切不可使一毫著火亦不可使一毫沾鍋恐或沾或著鬼焰倏發耳俟凝搗細以重絹羅過聽用　又法硫磺用生者亦可製先搥碎去砂土每十斤用牛油二斤煮化火不可旺以木棍旋攪鍋底化盡麻布濾巾濾入缸內則油浮於上磺沉於下去油研細聽用　又法以防風川烏煎汁將磺碎如豆粒鎔化以前汁冲入同熬則磺之渣滓悉沉於底取其上半用之不用牛油而磺更精此法邊人傳於馮相西洋會士見其妙而傳

之但須再三試之恐未周到耳　炭用蔴稭為上茄梗次之迎春梧柳枝次之搗羅聽用大都取其輕浮之性耳

西洋大銃藥方　硝四斤炭一斤磺十二兩以上皆羅過細末用水和勻而搗之務力緊杵則藥常溫熱時以水滴則藥常滋潤杵頭用銅臼底亦用銅則藥不焚燒杵至三日膠結成塊用篩揉下莫不成珠晒乾貯甕月餘取出復晒然後封固收貯永無潤氣

中國又方大銃藥硝一斤磺二兩炭三兩又方硝一斤磺一兩炭三兩又方硝一斤磺二兩六錢七分炭二兩六錢七分又方硝六斤磺炭各一斤又方硝四斤磺十二兩炭

一斤上六方分兩不同杵製同前方　附嚕密國火藥方
硝一斤磺二兩炭六兩日本國火藥方硝一斤磺二兩八
錢炭六兩八錢
鳥銃藥方硝七斤磺十兩炭一斤合法如前又西洋方硝
一斤磺炭三兩又方磺二兩七錢又方磺二兩五錢硝炭
同上又方硝一斤磺一兩四錢三分炭二兩二錢八分又
方硝六斤磺一斤二兩或十五兩二錢炭一斤二兩又方
硝二斤八兩磺四兩炭六兩八錢
中國鳥銃方五種一硝一斤磺二兩四錢炭二兩七錢二
分二硝一斤磺八錢炭二兩四錢三硝一斤磺一兩一錢

二分炭二兩七錢二分四硝一斤磺一兩六錢炭二兩七
錢二分五硝一斤磺四錢炭六錢八分
火門藥方硝一斤磺二兩五錢炭三兩合製同前但搗法
滿七日爲妙又方硝一斤磺二兩三錢炭三兩又方硝一
斤磺二兩七分炭三兩又方硝一斤磺二兩二錢炭三兩
又方硝一斤磺一兩四錢三分炭二兩二錢八分
金氏曰五方總以磺爲差等因磺有石土之別力量不
同耳引藥每兩入信石三分發得緊足硝要提淸精瑩
如練爲妙火門藥方與小銃藥分兩相同但硝用最上
面一層者配磺炭訖多搗數時不用篩揉成珠日乾研

細卽是

中國火門藥方一硝一斤磺五錢六分炭五兩二錢八分一硝一斤磺八錢炭五兩七錢六分一硝一斤磺四錢八分炭用柳炭一兩六錢又稭灰九錢六分一硝一斤磺四錢八分炭用葫蘆灰四兩八錢斑蝥四兩八錢只用蟲頭約而論之大銃藥硝一斤宜配磺二兩炭三兩而已鳥銃藥硝一斤磺一兩二錢亦以火酒浸過晒乾又浸又晒看炭上有白霜起然後研細先用細磺五錢調和極勻方拌入牙硝斑猫七十頭洒水力搗萬杵趁藥不乾不濕之時用馬尾羅細細篩出如蒸糕米粉一樣粗細太細恐糊火

門陰天難用最可笑者今人不知修治不用水搗只研細拌匀以爲得法一付軍士挈帶或步行或跨馬終日撞篩硝磺性重者必沉炭性輕者必浮初放不响炭多故也後放銃炸磺多故也此皆不可不察者也

銃雜用宜圖說

洗銃羊毛箒兼裝藥撞

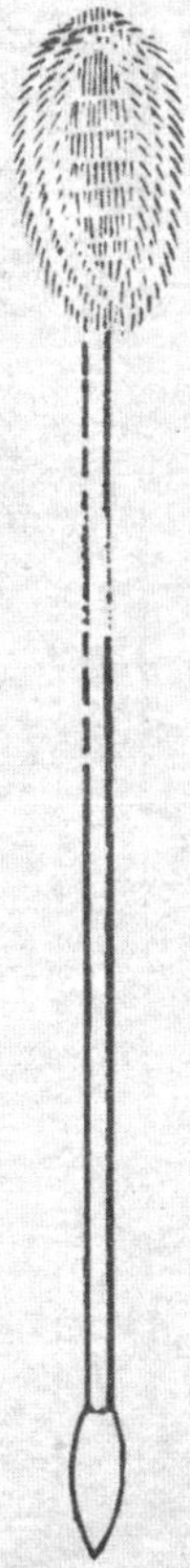

羊毛箒徑如銃口便掃銃之用彈前如遇砂石恐出彈之際猛烈壞銃須未裝藥之前以此箒細細掃之連放極熱

又以此箒蘸米醋攪其中濡醋潤其外醋行火斂不待其涼亦可點放箒柄長於銃身一尺柄末插以檀木亦如銃口內徑以便裝藥撞實火藥

刮鏽探銃杖兼運銃

以鐵爲之長三尺五寸徑一寸頭尖尾如蟹螯開深一寸可起鏽亦可撬銃低昂得宜

裝藥鍬

凡銃用藥幾何卽用銅板照銃口空徑大小作一半圓藥鍬量稱藥數以爲長短毋使臨時多寡悮事銅片一塊長一尺一寸尖濶三寸中濶五寸三分底濶八寸圈轉作鍬

以木爲底底長二寸五分徑圈合銃口內徑柄長比銃身贏尺若嫌用鍬遲緩預以圓木範銃空徑大小用布與紙照樣粘縫裝藥仍封號明白使用點放之時先以鐵釘入火門破其包裹乃用引藥

箝火繩杖

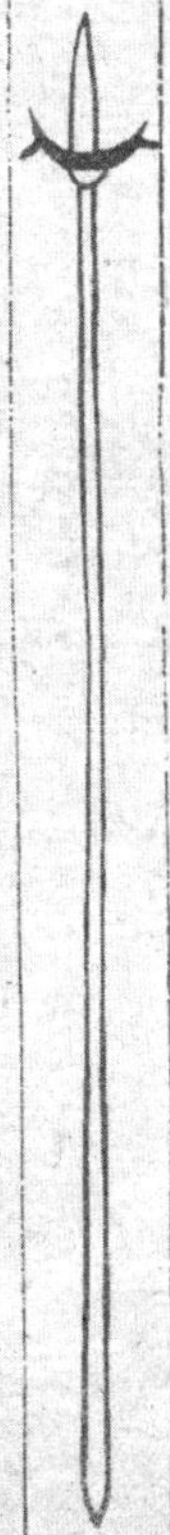

箝火繩之杖箝叉左右各灣長三寸餘其中直銳二寸裝柄處亦二寸以銅爲之以木爲柄其左右灣長頭各開兩槽以便箝繩點放火繩用榕樹根最嫩者去皮心搗鬆之撚爲繩竹青亦可用綿繩新者爲佳各從其便

起彈鐵盤鑽

鑽長七尺煉鐵爲之頭最尖利盤旋蜒蜿如蛇繞竿頭而無竿頭之實柄長如銃盈尺如鐵彈不甚中規以急需而誤投銃內或撐於不上不下之間用此攪之轉輾而出

銃墊

以木爲之厚四寸濶八寸或一尺長一尺五寸或三或五酌可爲柄處採出圓柄約長四寸居墊之中距柄根平面二寸漸殺至末約厚二寸欲平欲俯以墊銃之底

火門鎖鏈

用精鐵照火門銃身圍圓作箍厚二分濶二寸判爲兩股股以半規每股兩端用樞先以兩股樞貫以鐵筍聯之爲一以便開闔餘兩股樞以待合而鎖之但設此爲鎖鎖爲火門今箍抱銃圍而無根蔕則可上可下故於近鎖稍偏三寸須比箍增濶一寸長稱之則見方三寸矣即於箍之陰方之中豎一鐵柱如火門少細以便出納鎖時先以箍內柱納火門中乃環規搭樞用鎖則箍不上下其見方處增濶三寸并不致雨水之溼侵　金氏曰火門口邊鑄時先隆一線而以箍陰之線湊合封鎖更妙

銃口蓋鎖箍

折旋如火門箍之樞鈕惟多一蓋以精鐵爲之其蓋照銃口外圍務寬大覆轉之如傘幃以避雨水其蓋經兩際各系鑻以一鑻合樞銜鐵處總結之以便折疊以一鑻開竅套兩股樞以鎖之但無根蒂亦可挪移故照銃口內圍爲圓木長三寸釘於蓋之陰如上條火門之柱一般則亦難於轉移

登山扯銃裝嵌銃尾車輪法

銃尾車輪包鐵於軸轂間悉如銃車前輪式但輪徑差小於車前輪之徑一徑耳軸本鑿嵌於銃車尾橫木之下

山頂十字轉盤法

轉盤中柱。長一丈。徑一尺。輪木空徑一尺。周緣實徑二尺。長四尺。以一寸厚二寸濶鐵箍上。

計開

銃重千斤用彈二斤半藥二斤十兩銃重一千三百斤用彈藥各三斤銃重二千斤彈藥各四斤銃重二千七百斤彈藥各七斤相方配合藥少則送彈不遠如多至一斤半斤卽恐不虞銃未入藥先以木棍纏雞毛掃淨銃腹將稀布或厚綿紙做成布袋貯藥照斤兩用木棍送入撞實加彈子紙裹送藥上須包裹緊入然後彈子在中不偏仍用鐵椎鑽開布袋以引藥裝入

放銃人恐不慣熟用木牌一面竹一段長四尺鑽一空子用火繩穿過點火放時不必近迫防火藥縱於面目放銃訖火氣未消用雞毛刷銃腹引出火氣後可入藥再放放畢亦如之銃放三次火氣已盛銃身大熱入藥恐惹起火候其火退冷定即用水洗銃身將木棍纏布濕水洗入銃腹方可進藥大抵每銃只好連放二次三次多則紅熱難近打造者亦然

放銃恐人污穢以紅布數尺掛紅糖擦銃身庶可無虞銃每門俱用木桶將藥預裝紙袋內配定斤兩編成字號以便臨敵　銃置架上欲高則不必墊欲低欲平銃後以木

片墊之○銃宜置乾處○被雨濕則生鏽○鏽則以石并銼鐵打磨○將桐油松香煮熟○徧塗以避雨水○銃口用蠟塞○密將銅板鎖固○以防奸細○其銃每月須連演一二次○放之不必用彈○

銃藥既築緊用稻草加築藥上約厚一寸卽將鎚碎鍋鐵如豆大者用布包一包築於草上然後放置彈子俱撞實推住不可鬆碎鐵每彈二斤者用半斤彈四斤者用一斤此物飛打入肉卽死或小鉛彈亦可用又將木柴片架疊其實藥於銃也以鍬鍬轉而出卽以撞極力撞之藥未足再鍬再撞如前既足矣摶故布塞之其撞如前始納彈彈

後復加布搏塞之撞不必力如臨敵點放宜速則以布預製小圓筒度銃用藥緊束之絜銃口而小之庶無澁滯上書號數則可省權衡度量之躭延倘頻放大熱則以羊皮毛篛浸醋攪其中潤其外醋性行火性歛不待涼冷又可點放也

凡神器一號用藥四斤彈四斤連放五次減藥半斤卽放至百銃亦不必減矣其放視規度之線所值欵列之線與句直垂則銃與股平彈發水平至四百八十步線過一度則銃高一度彈發一千步過二度則銃高二度彈發二千步過三度則銃高三度彈發二千八百步過四度則銃高

四度彈發三千四百步過五度則銃高五度彈發四千七百步

神器二號用法同前遠近度如後

神器三號藥彈各二斤此銃藥卽放至後亦不減用法同前線與勾直垂則銃與股平彈發水平去四百步線過一度則銃高一度彈發八百八十步過二度彈發一千七百七十步過三度彈發二千六百五十步過四度彈發三千八百六十步過五度則銃高五度彈發四千步

點放大小銃說

點放欲知幾遠須爲器以度之狀如矩以銅爲之勾長

尺餘股長一寸五分以勾股交爲運規心只作四分規之一規心透竅繫以線線末用錘循規繞邊匀分十二度用時以勾入銃口內則是此勾卽同銃身也以線所直度爲高下數以測遠近之步卽可知銃彈到處此測量而兼以藥力究竟也然必度銃身及口折中之不能虛度以例推耳其定數具後每高一度則銃彈到處較平放更遠推而至於六度遠步乃止高七步彈反短步矣假若平放必須銃身上水銀點滴不走方是則彈遠到二百六十八步仰放高一度則彈較平放遠到三百二十六步共五百九十四步高二度較高一度又遠二百步共七百九十四步高

三度較二度又遠一百六十步共九百五十四步高四度
較三度又遠五十六步共一千十步高五度較四度又遠
三十步共一千四十步高六度較五度又遠十三步共一
千五十三步以上每步幾二尺此其大略若推廣則有徐
宮詹之幾何編測量法及李太僕容圓較義同文算指焉
諸銃點放平仰步數仍悉開於各銃之下既知銃高幾度
得至遠步幾何矣然人於步之遠近從何測驗則又當另
置一器其器以銅板爲之見方六寸上端有兩耳厚三分
見方一寸橫豎於板面之上距兩端各一寸見方之中鑽
一細眼彼此相平板面先畫一方楞方楞角端爲勾股交

運規心心繫一線線末用錘循規作四分之一規分十二度亦如量銃法用時務立表於地而以銅板端之耳兩見方細眼對視器所指之表以線所直幾何度卽知當用銃高幾何度也攻打樓臺飛彪大銃可踰一度者亦必以此器量之斯點放不誤

凡彈下腹銃必須貼藥點放推出方有力遠到其彈俱小銃內曰一運（運作線解）庶彈易出而銃不壞也彈自一斤至八斤者藥照彈配用如彈一斤用藥一斤彈二斤用藥二斤也彈自九斤起至十七斤者彈作五分用藥止四分如彈九斤作五分用藥四分止該七斤三兩二錢彈十斤作五

分用藥四分止該八斤也彈自十八斤起至二十六斤者彈作四分用藥止三分如彈十八斤作四分用藥三分止該十三斤八兩彈十九斤作四分用藥三分止該十四斤四兩彈自二十七斤以上者彈作三分用藥止二分如彈二十七斤作三分用藥二分該十八斤餘俱例推若彈帶鐵菱鐵鍊小鐵彈碎石者悉準彈斤兩其輕重用藥照前法算之然亦皆大略也諸銃用藥有宜增宜減者仍悉開於各銃之下

金氏曰凡彈九斤至十七斤者照彈斤兩藥皆八折也十八斤起至二十八斤照彈斤兩藥用七五折二十七

斤彈以上藥六六折不盡

點放大小戰銃。台用彈藥。平仰步數法。

銃腹容彈九斤至十七斤者。名半蛇銃。彈與藥相均。彈以鐵爲之。彈重十斤。藥用十斤。平放五百五十步。仰放五千五百步。彈藥各十二斤者。平放六百步。仰放五千六百步。彈藥各十五斤者。平放六百五十步。仰放六千一百八十步。

銃腹容彈十八斤至二十五斤者。名大蛇銃。亦彈藥相均。如彈藥十八斤。平放七百步。仰放六千八百步。彈藥各二十斤者。平放七百二十步。仰放七千二百步。彈藥各二十二斤者。平放八百二十步。仰放七千二百十步。彈藥各二十五斤者。平放九百步。仰放七千二百六十九步。

大佛郎機銃。亦用鐵彈。彈作四分。藥用三分。如彈重十斤。用藥六斤十兩六錢。平放八百二十步。仰放八千二百步。彈重十五斤者。用藥十二斤。平放九百六十步。仰放九千六百步。

點放大小攻銃。合用彈藥。平仰步數法。

銃腹容彈九斤至十三斤者。名鷹隼銃。彈作三分。藥用二分。彈亦用鐵。如彈重十斤者。藥用六斤十兩六錢。平五百步。仰三千五百四十步。

銃腹容彈十四斤至十八斤者名梟喙銃彈作三分藥用二分彈重十六斤藥用十斤十兩六錢平六百步仰四千三百八十七步

銃腹容彈十九斤至二十八斤者名半鴆銃彈作五分藥用三分如彈二十斤藥用十二斤平七百步仰五千三百八十九步

銃腹容彈二十九至三十九斤者名大鴆銃彈作十分藥用五分彈三十斤藥十五斤平八百步仰四千九百步彈三十五斤藥十七斤半平八百五十步仰四千八百三十四步

銃腹容彈四十斤至六十斤者名倍大鳩銃彈作十分藥用五分彈四十斤藥二十六斤平九百步仰四千六百二十二步如彈四十六斤藥二十三斤平九百五十步仰四千七百二十八步如彈重五十斤者藥二十五斤平一千步仰四千六百五十五步彈重六十斤者藥三十斤平一千六十步仰四千六百步

銃腹容彈六十斤以上至百斤者名虎唬銃彈作十分藥用五分如彈重七十斤者藥用三十五斤平二千步仰八千九百步如彈重百斤藥五十斤平四千步仰一萬六千步

飛彪銃原以照準攻城者故他銃用車此銃不用車他銃仰放不得過六度此銃仰放可過十度十一度內裝鐵蒺石塊小鐵彈毒火包復以大石彈封口彈作三分藥用二分如大石彈及鐵蒺等重一百五十斤藥一百斤攻城之時以此銃仰輪於賊城之外引藥放之則飛彈驟雨城中損其屋宇城樓一時鼎沸何城不破乎

點放大小守銃合用彈藥法

銃腹容各等彈六斤至十二斤者名半喙銃彈藥相均用彈以石先裝鐵蒺鐵鍊小鐵彈毒火包等件後以石彈壓之但鐵蒺等物不得重過石彈如石彈三斤各物三斤藥

六斤是也餘類推
銃腹容各等彈十二斤者名大象銃彈作五分藥用四分
如彈等重十二斤者藥用九斤六兩
銃腹容彈等十九斤至二十五斤者名倍大象銃彈等作
四分藥用三分彈十九斤者藥十四斤四兩餘同
銃腹容彈等二十六斤至五十斤者名虎踞銃彈等作三
分藥用二分如彈重三十斤者藥止二十斤餘同
已上守銃彈藥猛性烈步最遠特吾乘臺施放以逸待勞
俟賊臨近審定對擊務必糜爛故不細開平仰步數也
舊銃久不放蓄藥未洗或洗不盡而口內鏽澁者勿輕用

鐵鏈錘鑿之恐二鐵相戛擊火星迸出故藥復燃殞錘工於頃刻丙子年范制臺任中曾有此事可不鑒諸雲從云今有曲口銃彈出如擲梭渾身有鏤金龍鳳從海浮來今藏太內矣又有所謂天銃者於大銃中復藏一銃打至賊營火乃迸發

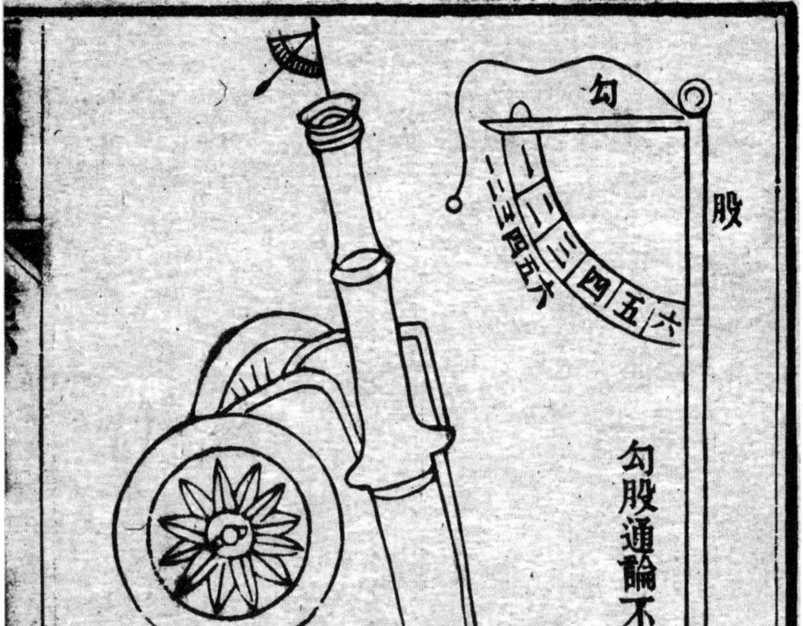
勾
股
一
二
三
四
五
六
一二三四五六
勾股通輪不必泥定盤勾即股也

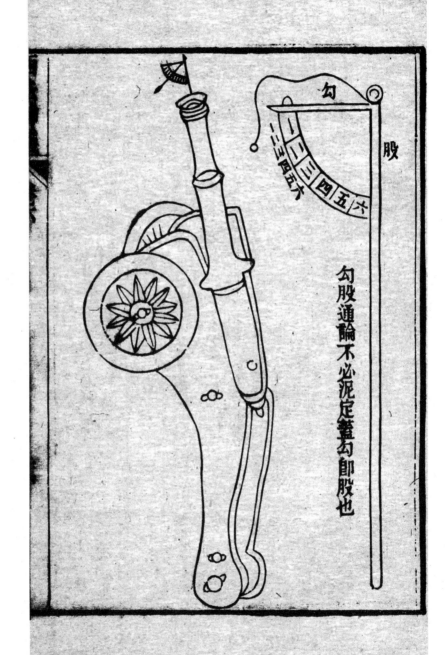

明萬歷間西人利瑪竇入中國時上海徐文定官贊善從利氏學天算火器吾邑火東先生又學於文定盡其術是書爲金民譽家藏本流傳於濤閣葛氏葛君味荃出以示余謀付梓余受而讀之有圖有說條理秩然註解者未詳爲誰金氏疑卽民譽也邇來西藝益精巧器非求舊惟新此特仍其舊而已然製造演放測量合度今昔原無異致存之以見一斑并以見中西授受之源云

光緒二十八年夏日邑後學楊恆福跋

西法神機　卷

三十

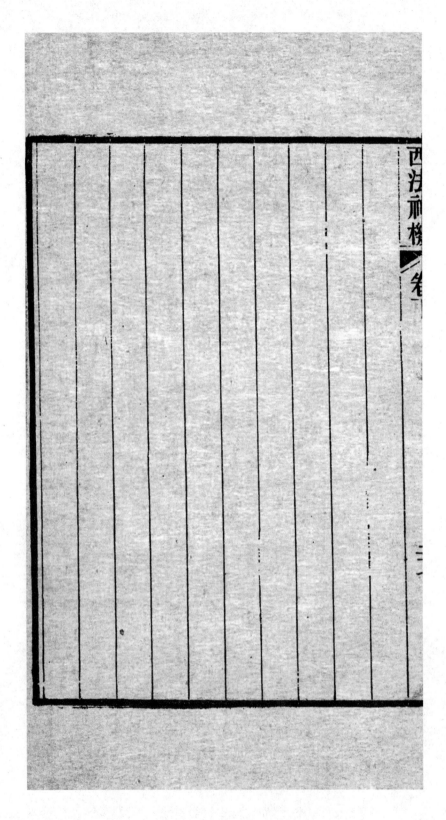

火攻挈要：附火攻諸器圖

火攻挈要：附火攻諸器圖

〔德〕湯若望 講授 〔明〕焦勖 筆述

民國二十五年商務印書館鉛印本

火攻挈要

附火攻諸器圖

火攻挈要

本館據海山仙館
叢書本排印初編
各叢書僅有此本

則克錄 火攻挈要

自序

中國之火攻備矣。其書亦綦詳矣。似無容後人可贅一詞。然而時異勢殊。有難以今昔例論。深心者更不可不審機觀變。對症求藥之爲愈也。即古今兵法言之。如武經總要、武學大成、武學樞機、紀效新書、練兵實紀、練兵全書、登壇必究、武備志、兵錄。一覽知兵諸書。所載火攻。頗稱詳備。然或有南北異宜。水陸殊用。或利昔而不利於今者。或更有摭拾太濫。無濟實用者。似非今日救急之善本也。至若火攻專書。稱神威祕旨、大德新書、安攘祕著。其中法制雖備。然多紛雜濫溢。無論是非可否。一槩刊錄。種類雖多。而實效則少也。如火龍經、制勝錄、無敵真詮諸書。索奇覓異。巧立名色。徒炫耳目。罕資實用。惟趙氏藏書、海外火攻神器圖說、祝融佐理。其中法則規制。悉皆西洋正傳。然以事關軍機。多有慎密。不詳載。不明言者。以致不獲兹技之大觀。甚爲折衝者之所歉也。勗質性愚陋。不諳韜鈐。但以虜寇肆虐。民遭慘禍。因目擊艱危。感憤積弱。日究心於將略。博訪於奇人。就教於西師。更潛度彼己之情形。事機之利弊。時勢之變更。朝夕講究。再四研求。只爲痴憤所激然耳。乃二三知己。謬以勗爲深諳兹技。每問器索譜。勗汗無以應。因不揣鄙劣。姑就名書之要旨。師友之祕傳。及苦心之偶得。去繁就簡。删浮採實。釋奥註明。聊述成帙。公諸同志。以備參酌云爾。崇禎癸未孟夏。後學焦勗謹識。

火攻挈要諸器圖

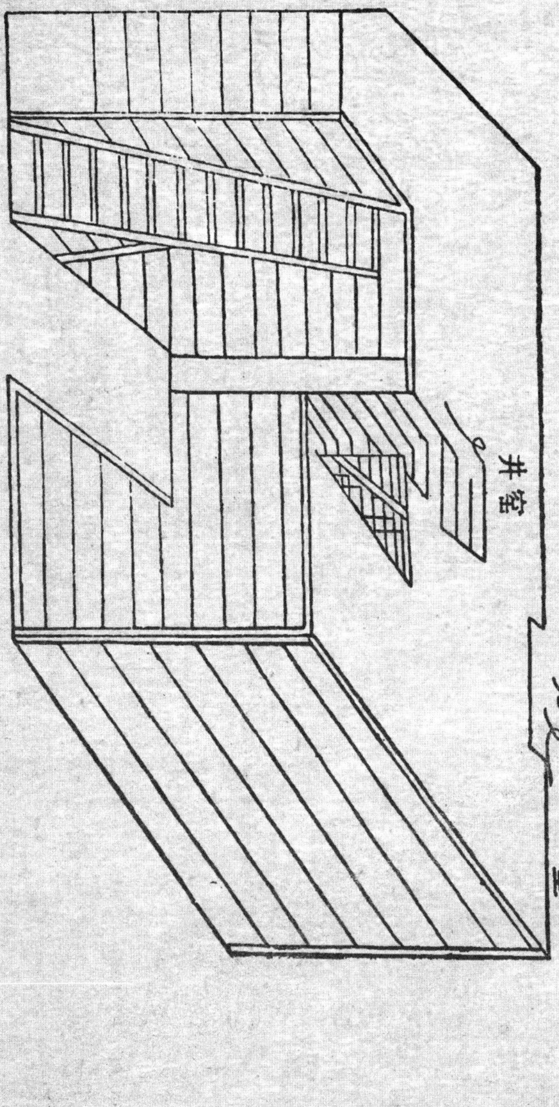

火攻挈要諸器圖　一

火攻挈要諸器圖

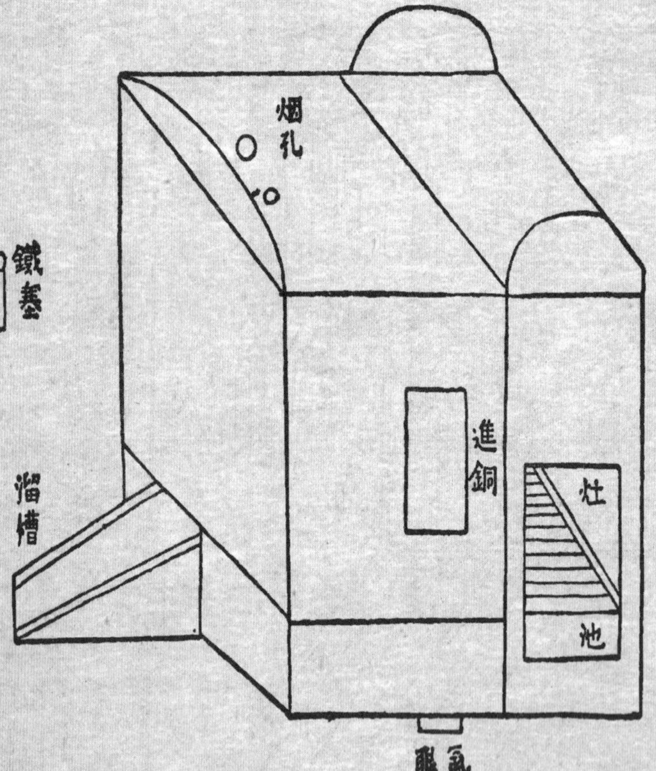

二

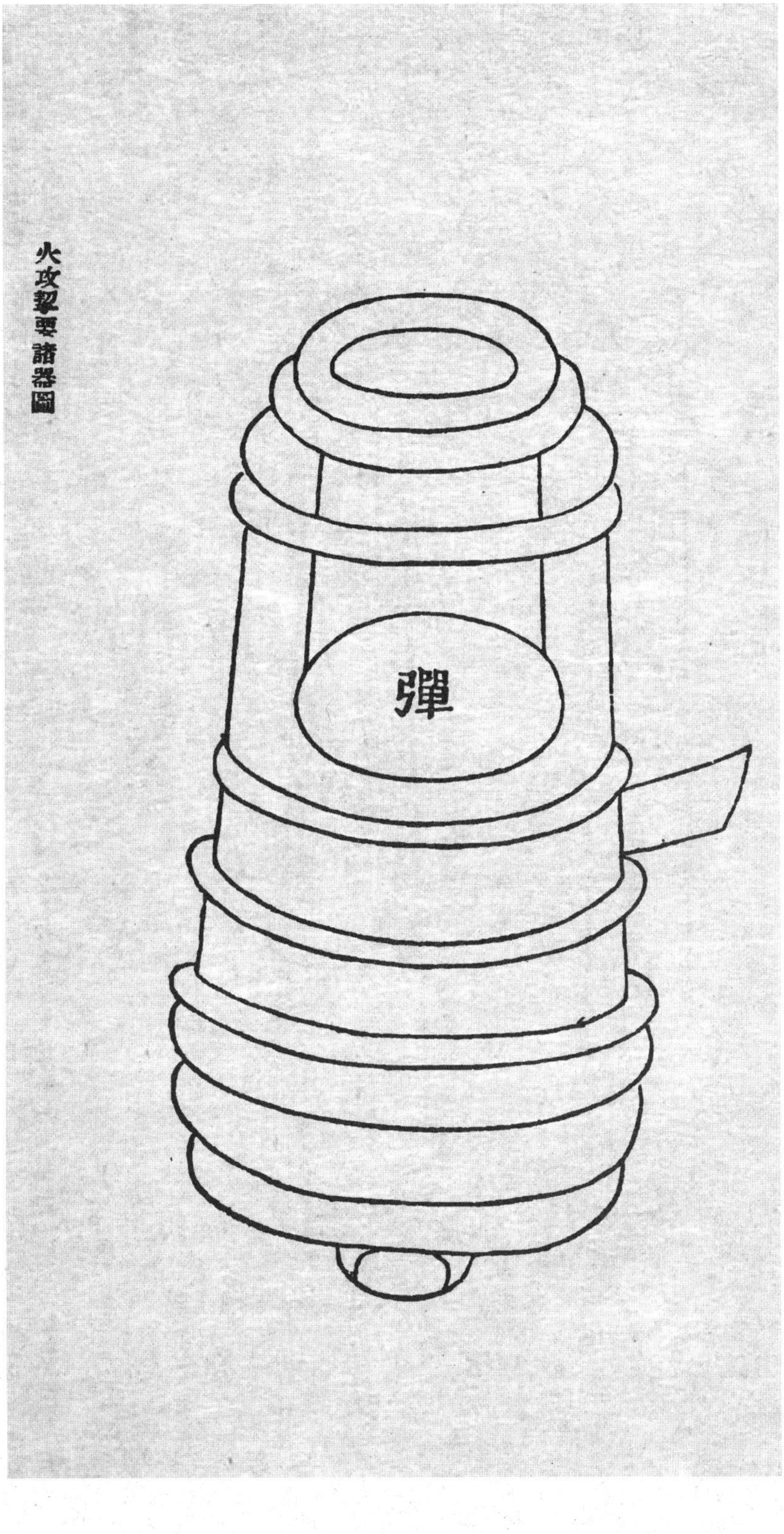
火攻挈要諸器圖
彈

火攻挈要諸器圖

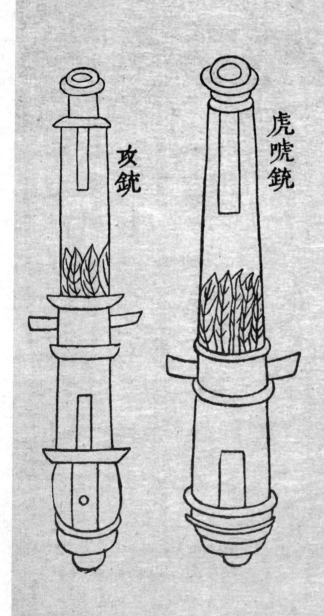

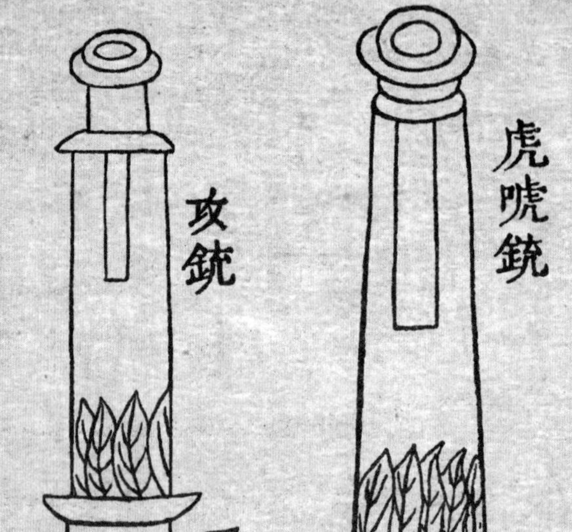

四

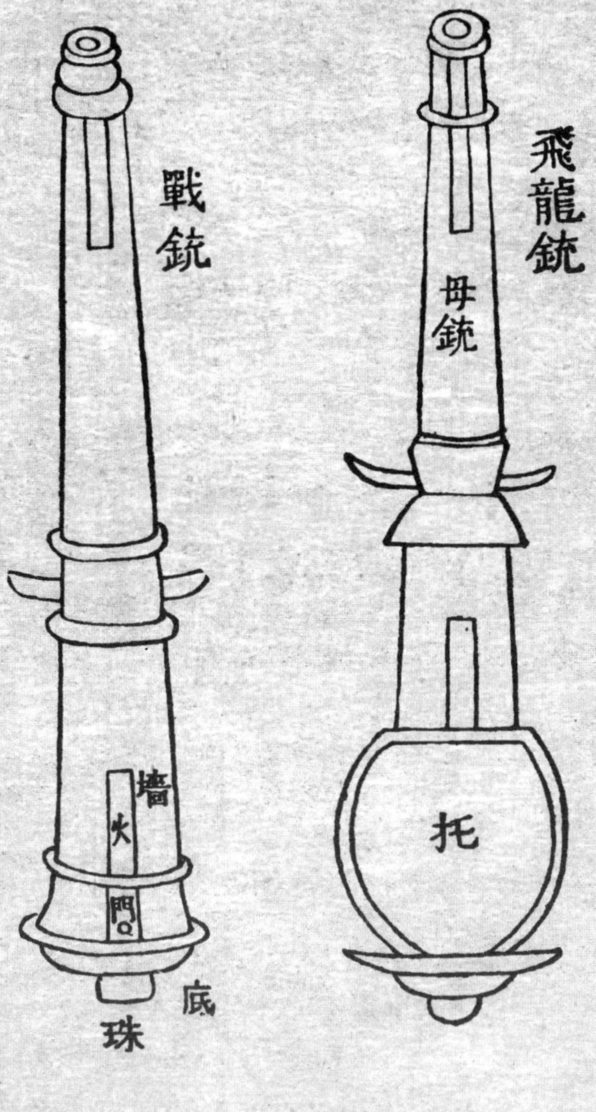
戰銃
墻
火
門
底
珠
飛龍銃
母銃
托

火攻挈要諸器圖

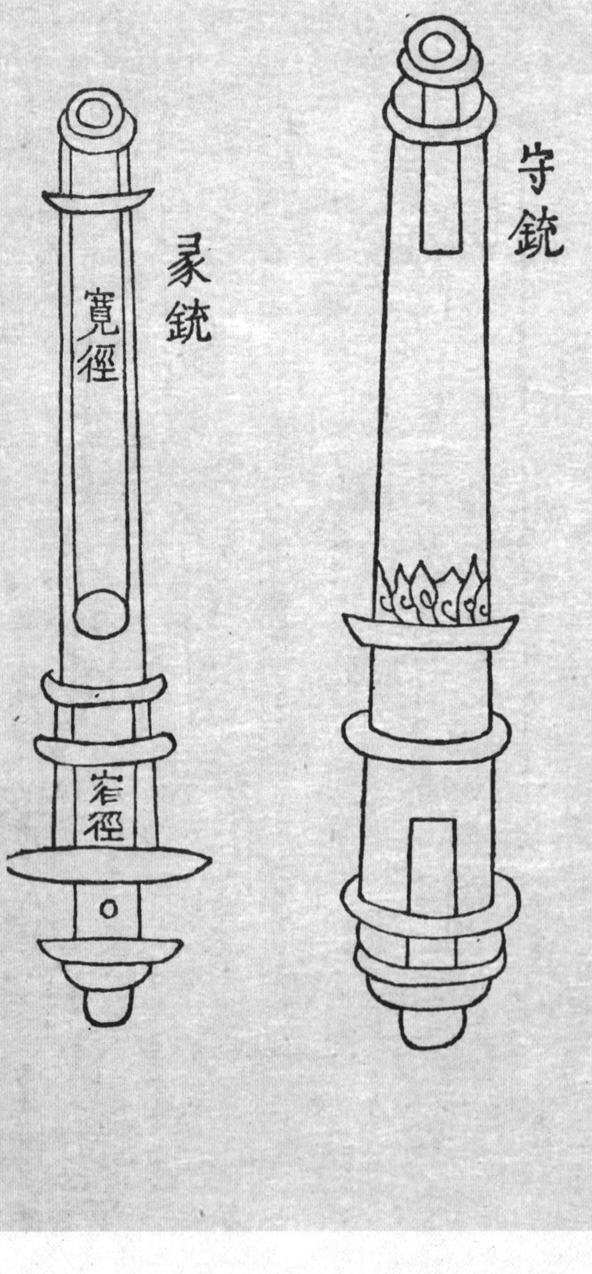

六

噴銃

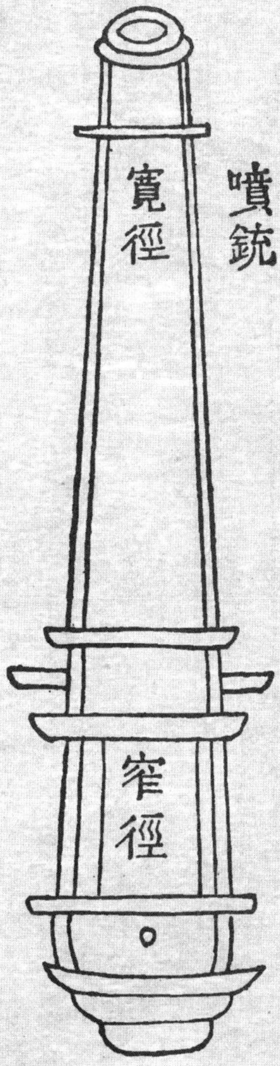

子銃

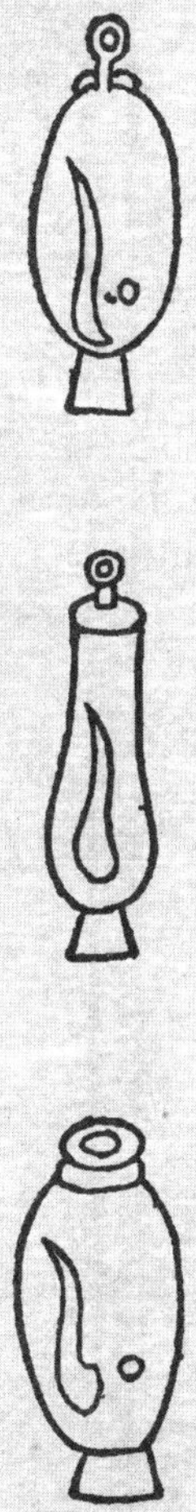

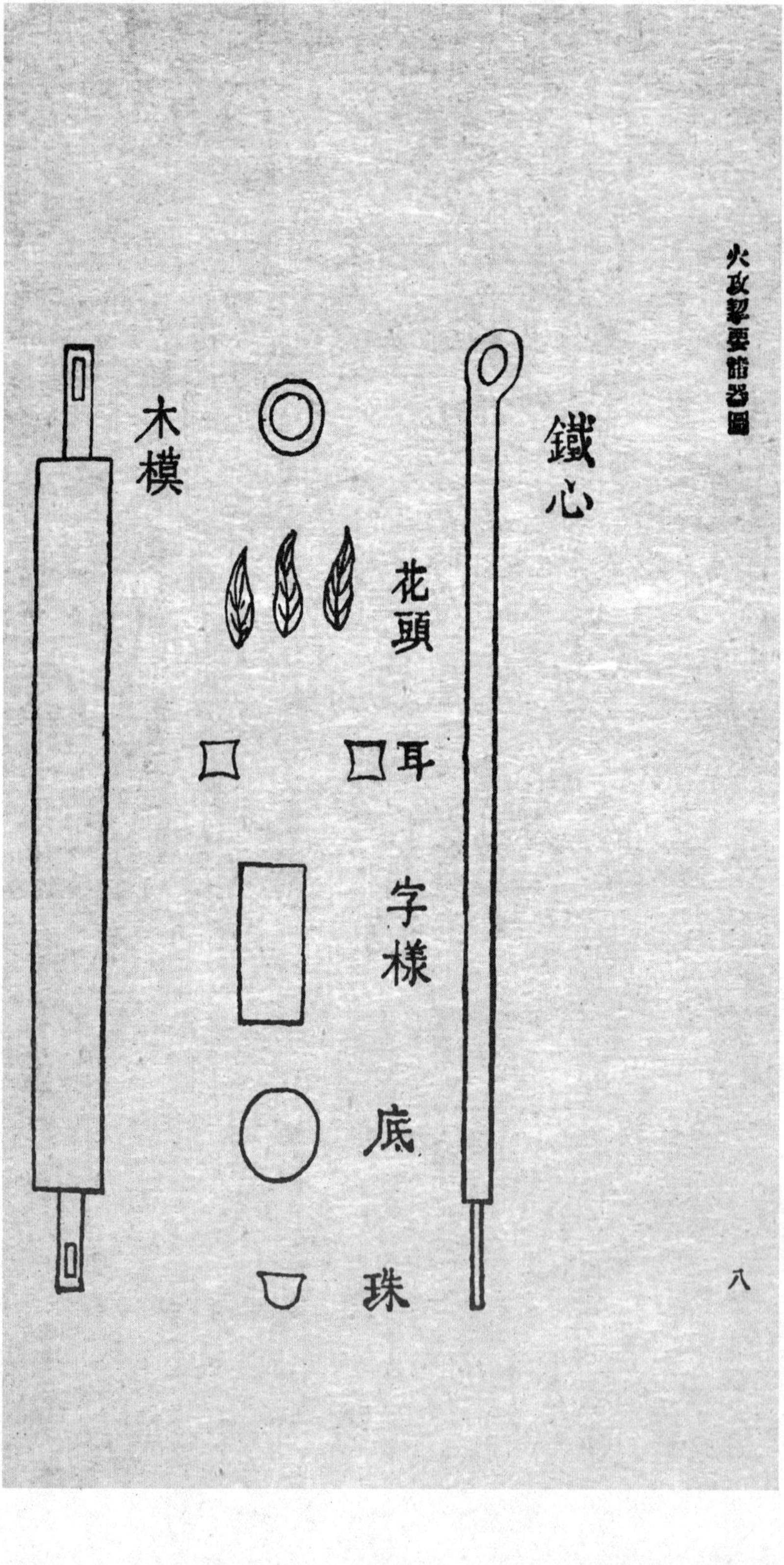
火攻挈要諸器圖
木模
鐵心
花頭
耳
字樣
底
珠
八

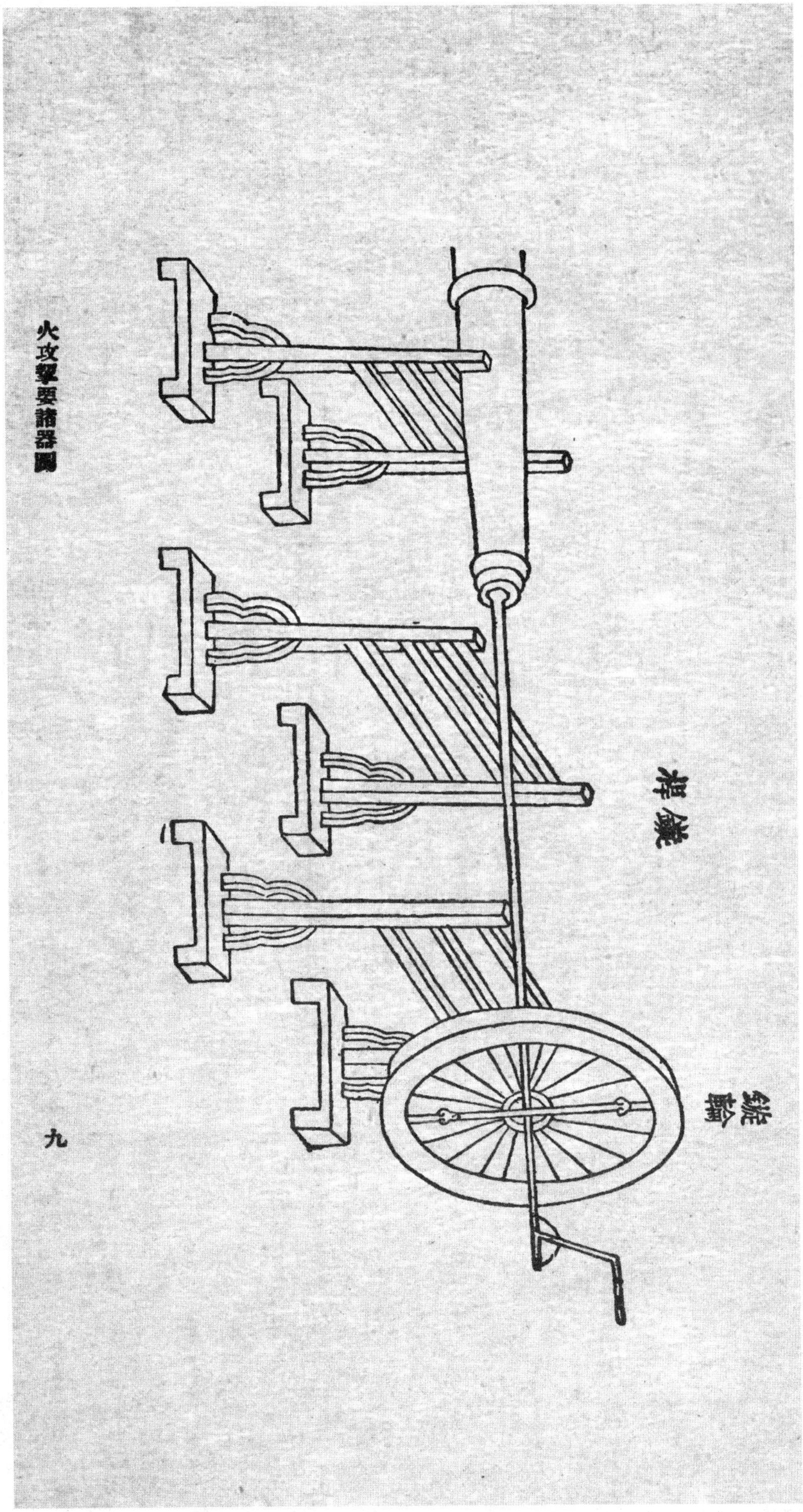
火攻挈要諸器圖
九

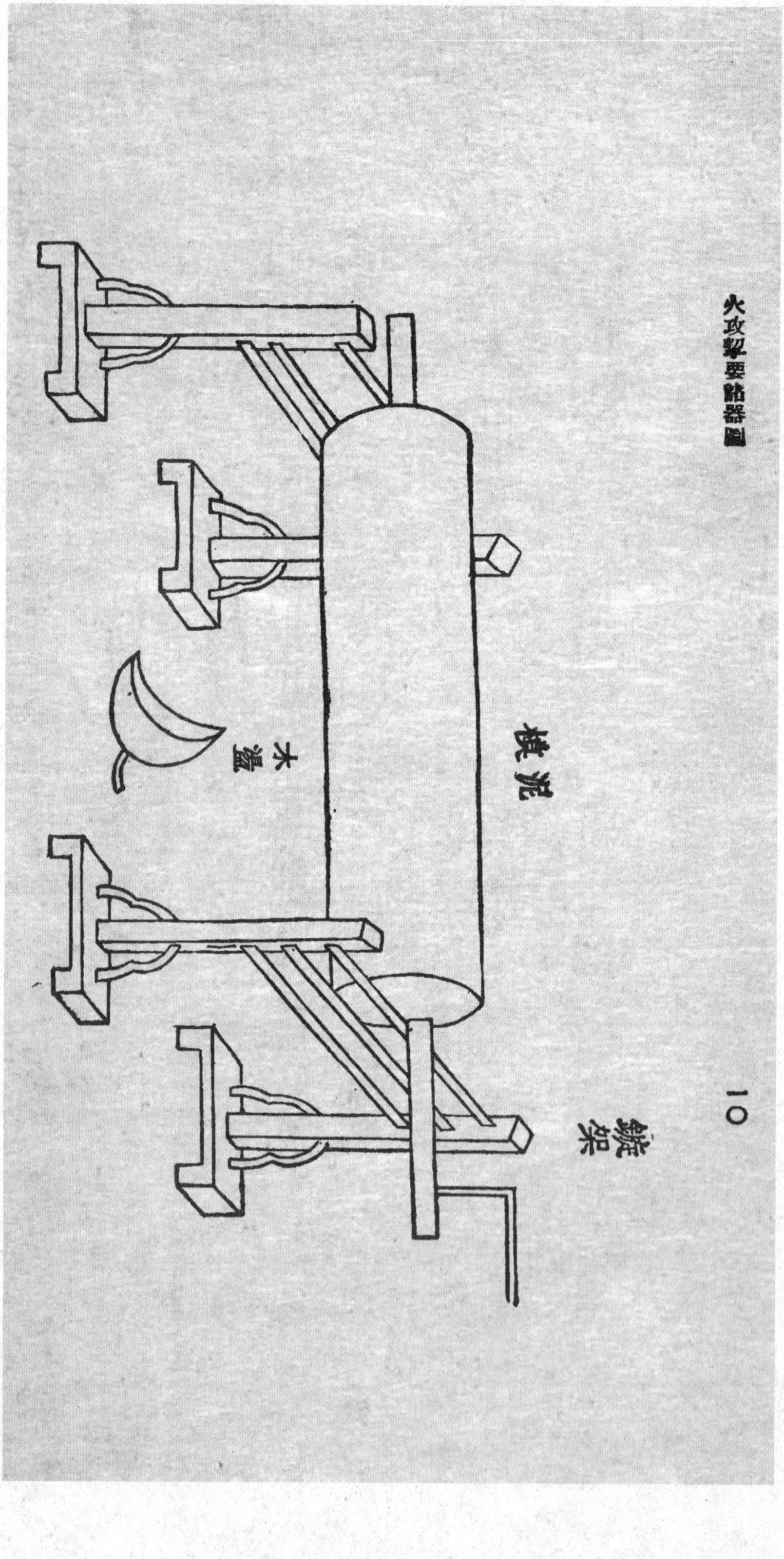
火攻挈要諸器圖
模泥
木盞
鏇架
10

火攻挈要諸器圖

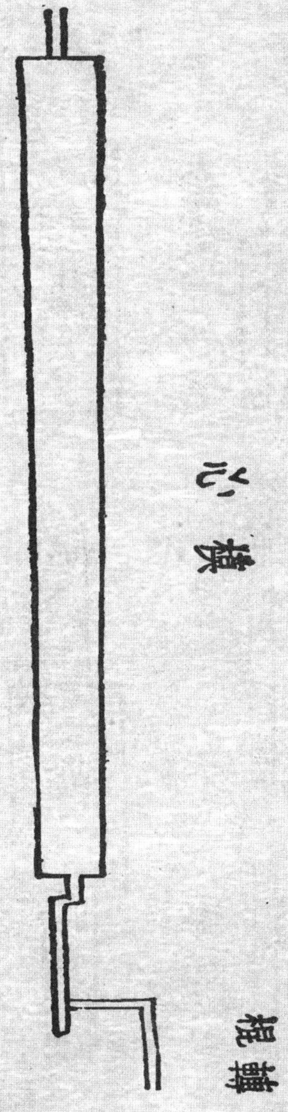

二

火攻挈要諸器圖

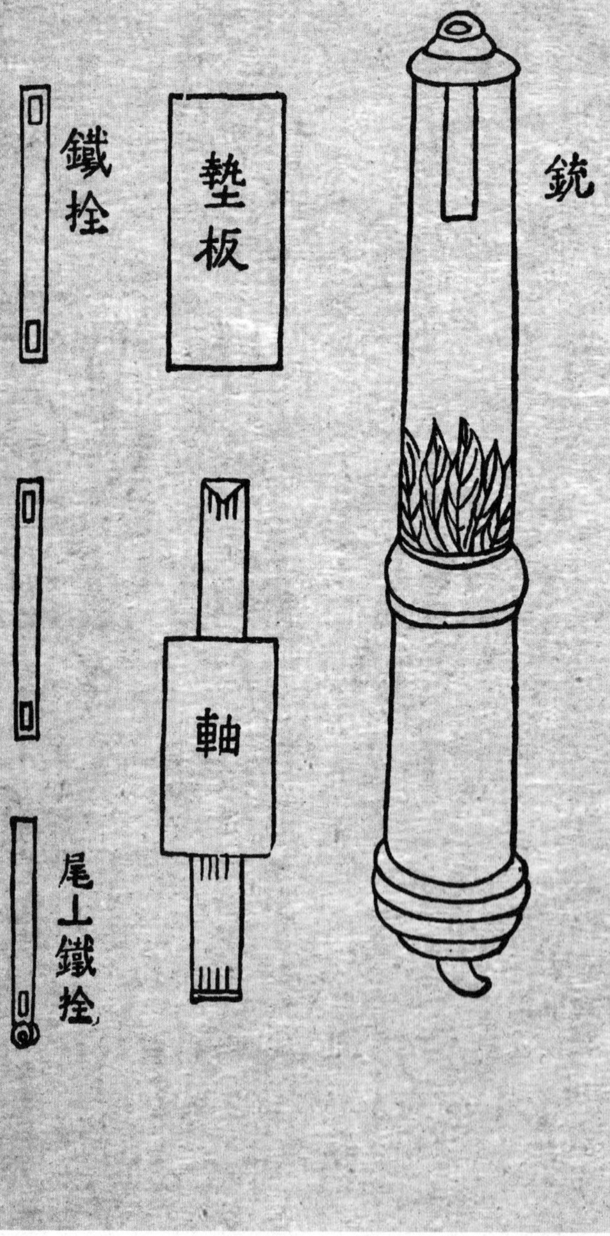

三

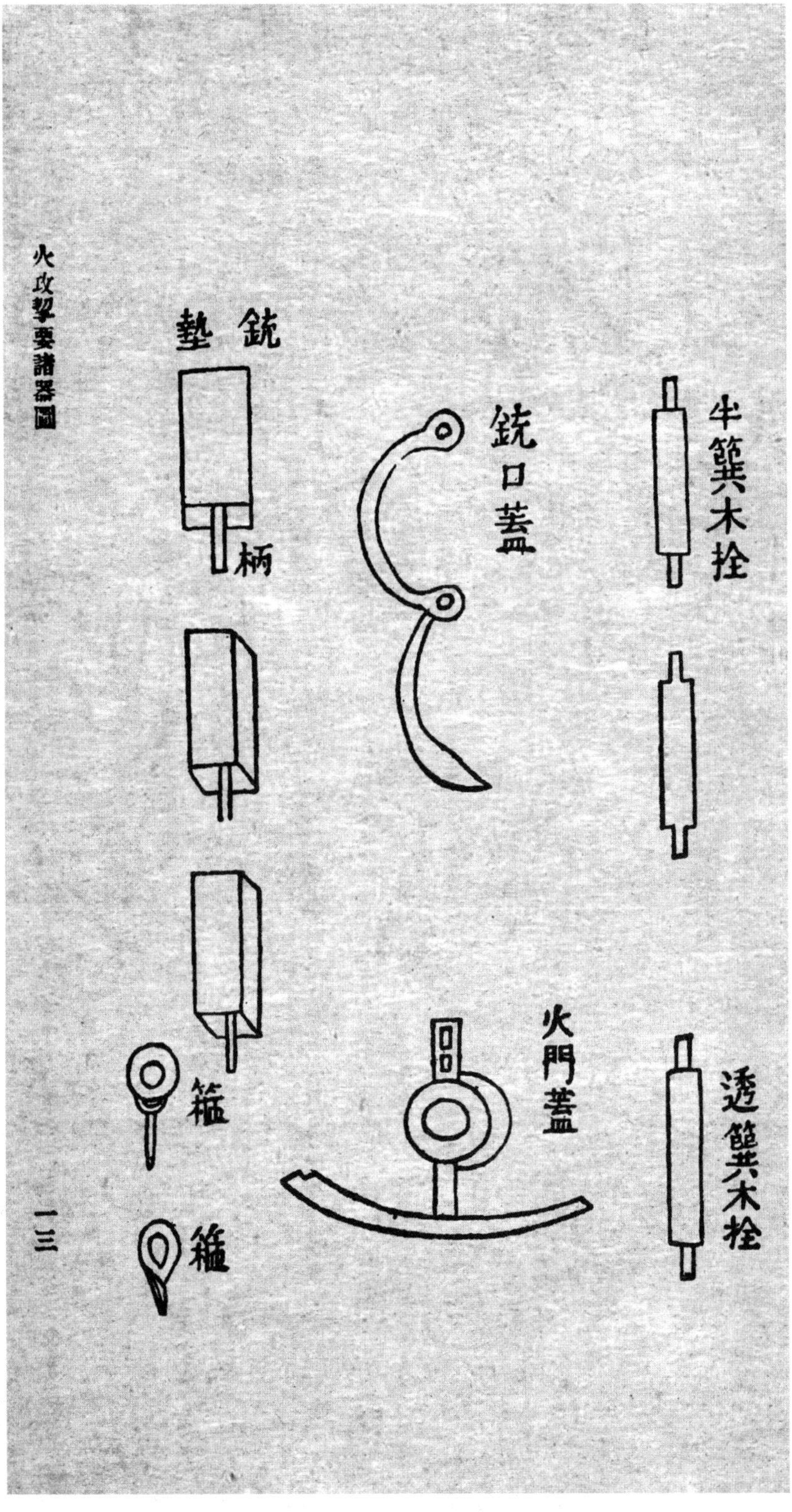
火攻挈要諸器圖
銃墊
柄
銃口蓋
半簨木拴
火門蓋
透簨木拴
箍
箍
一三

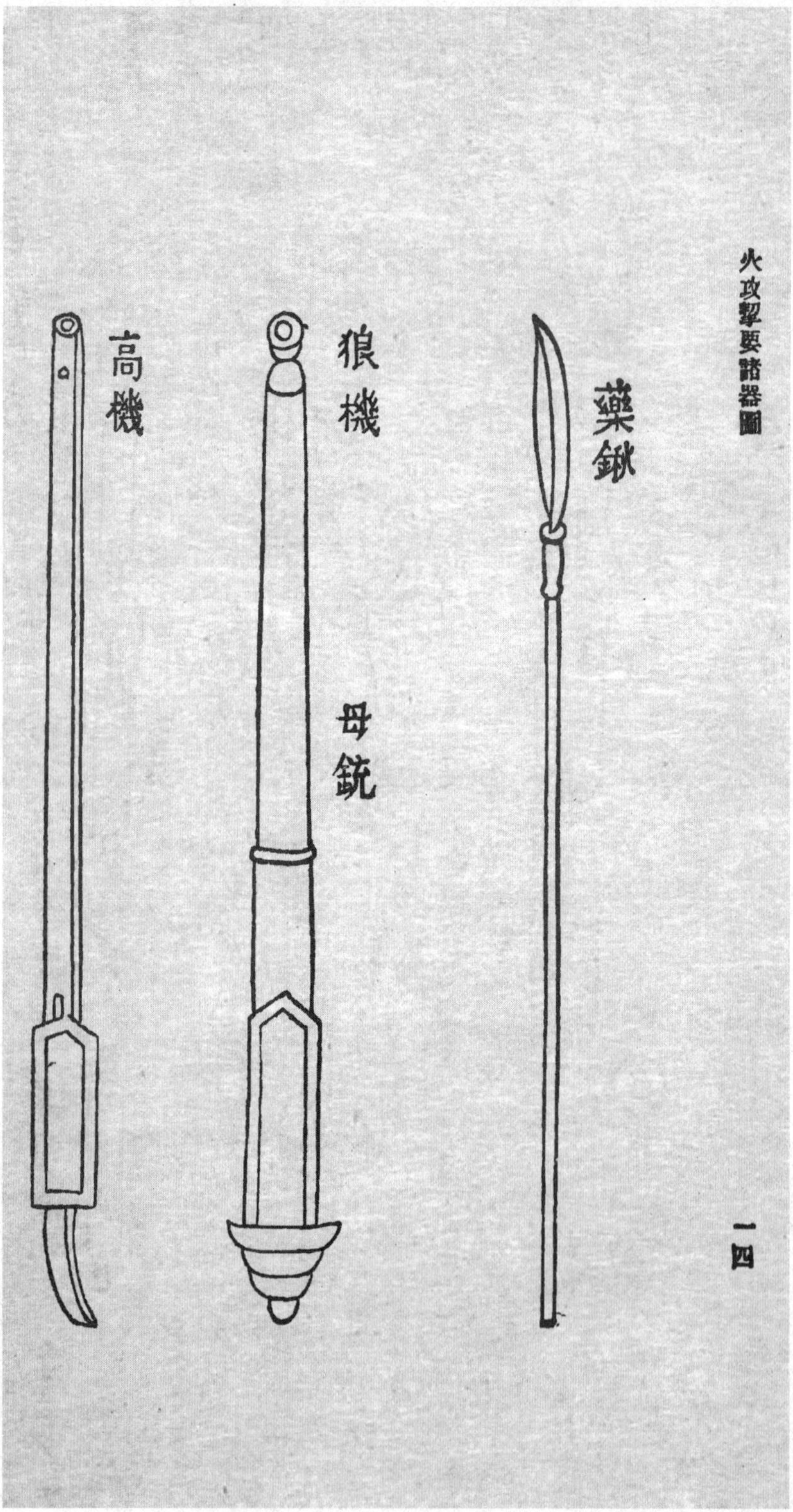
火攻挈要諸器圖
藥鍬
狼機
母銃
高機
一四

火攻挈要諸器圖

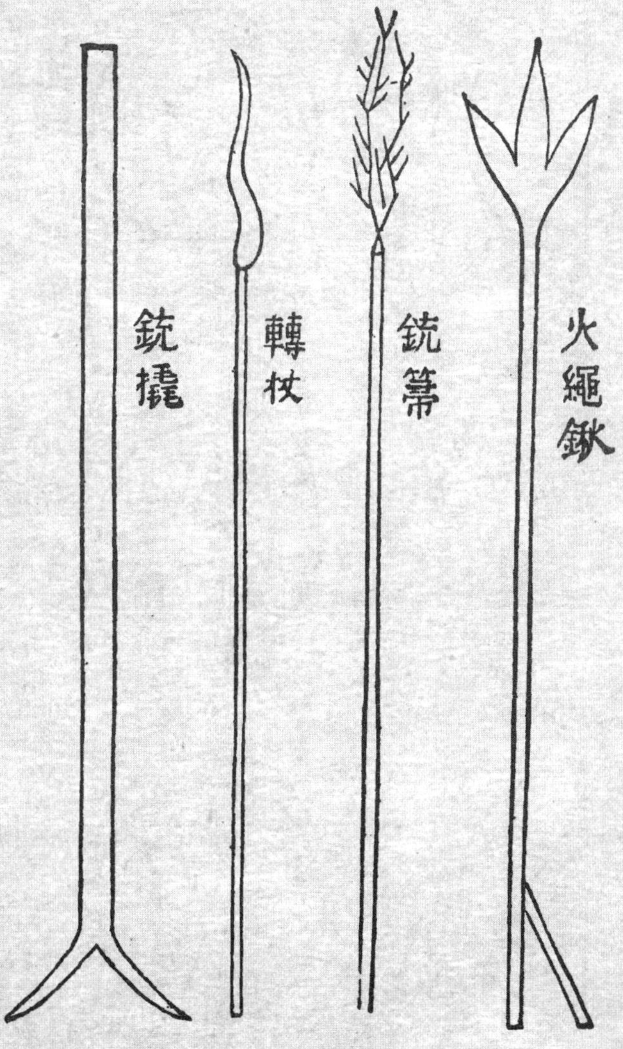

一五

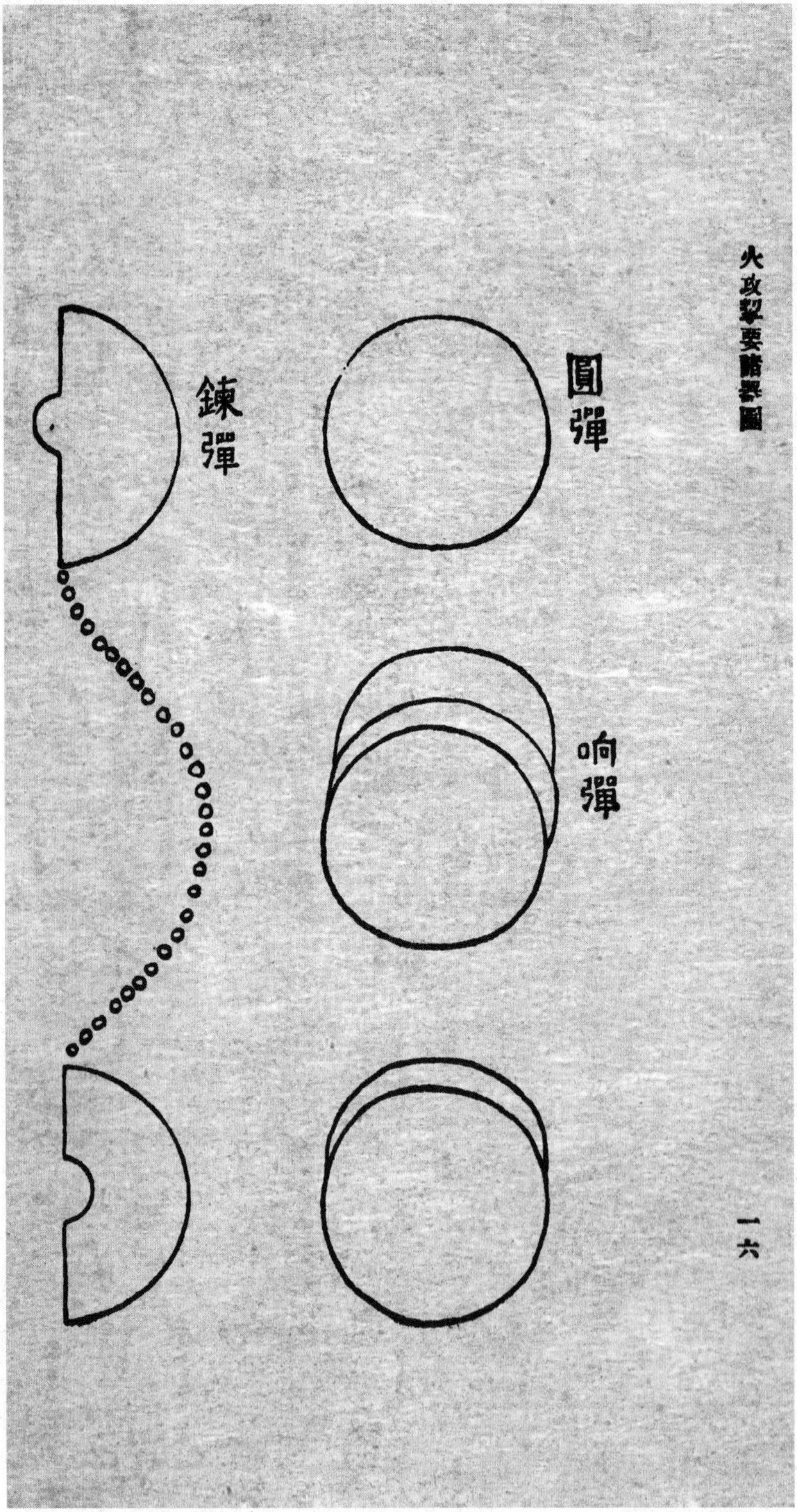
火攻挈要諸器圖
圓彈
响彈
鍊彈
一六

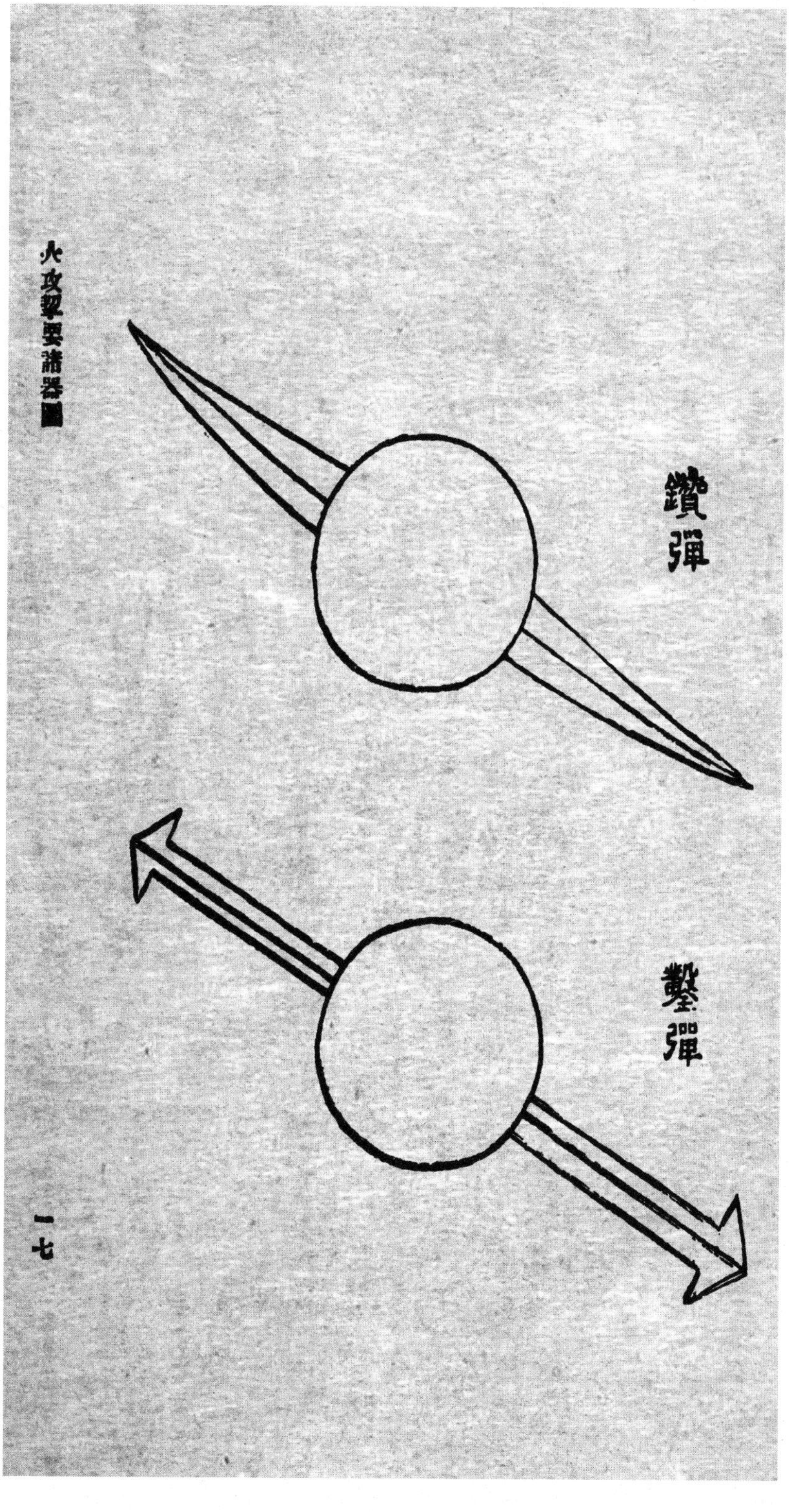
鑽彈
鏨彈
火攻挈要諸器圖
一七

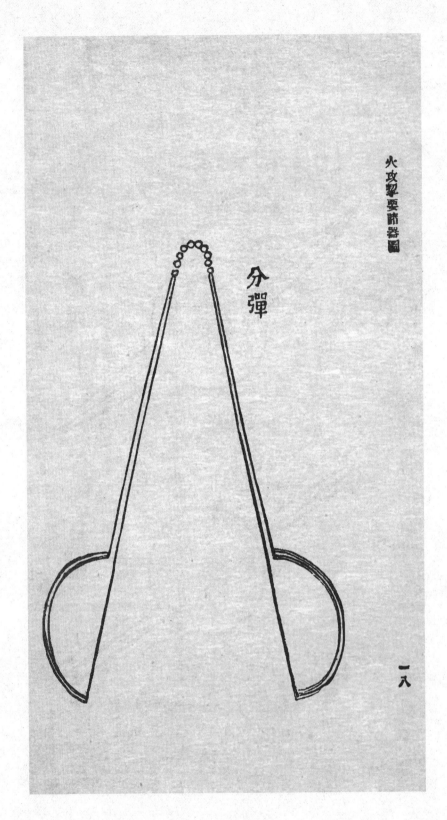

火攻挈要諸器圖

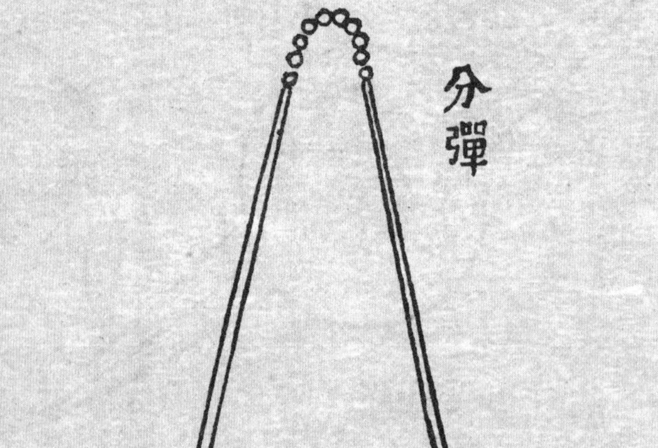

一八

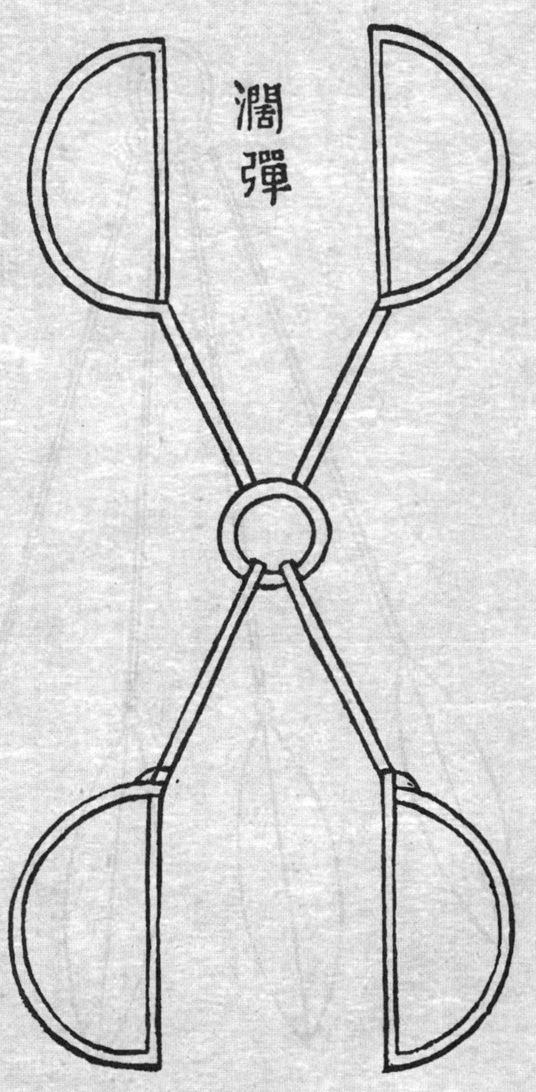
濶彈

散彈

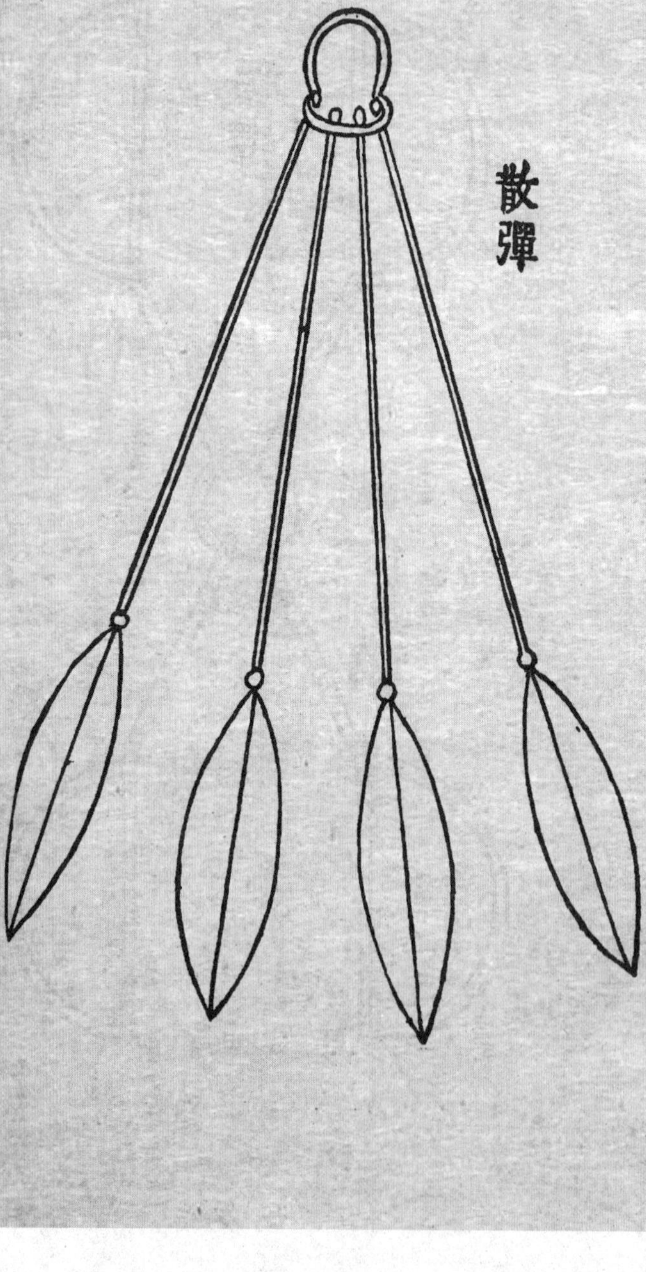

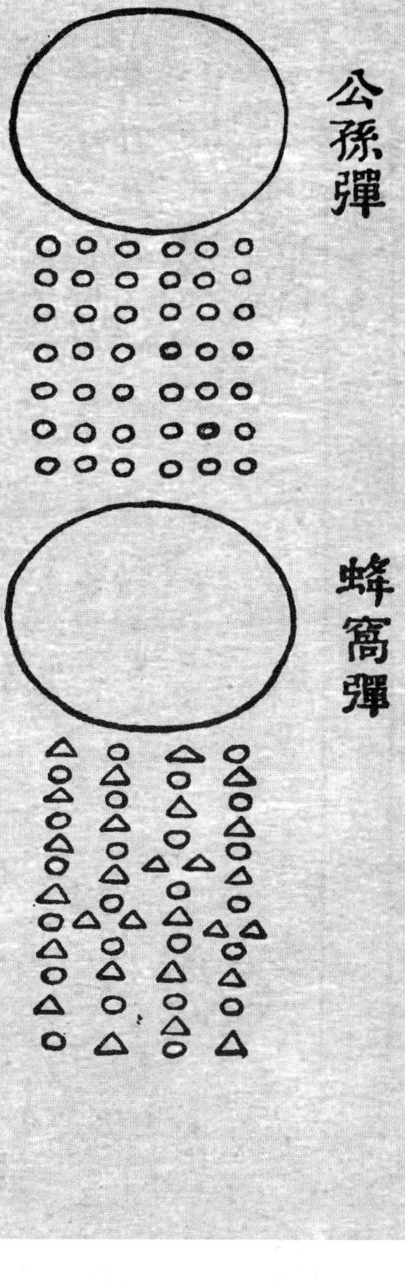
公孫彈
蜂窩彈

火攻挈要諸器圖

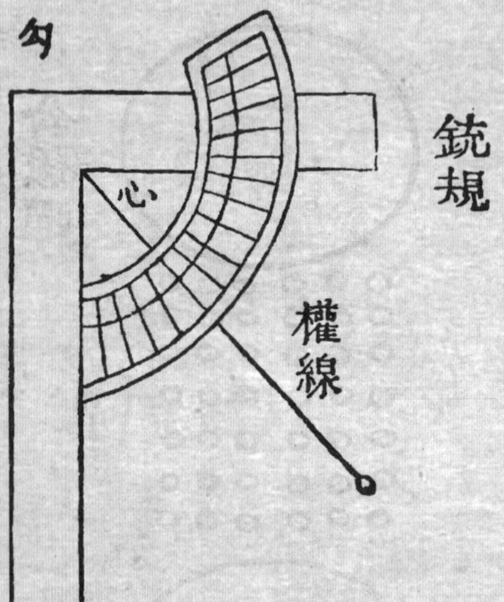

三

火攻挈要諸器圖

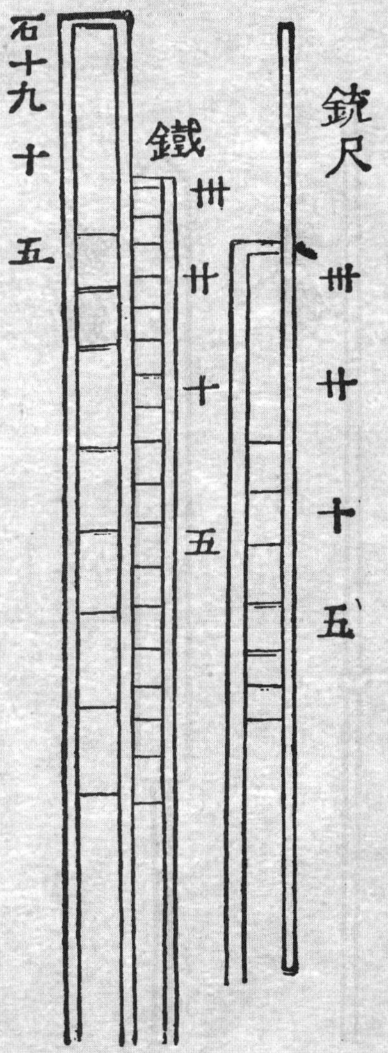

二三

火攻挈要諸器圖

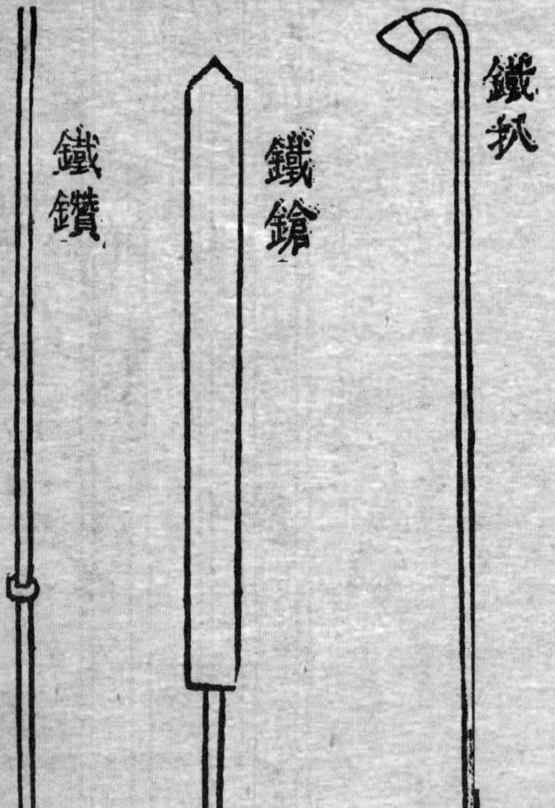

二四

火攻挈要諸器圖

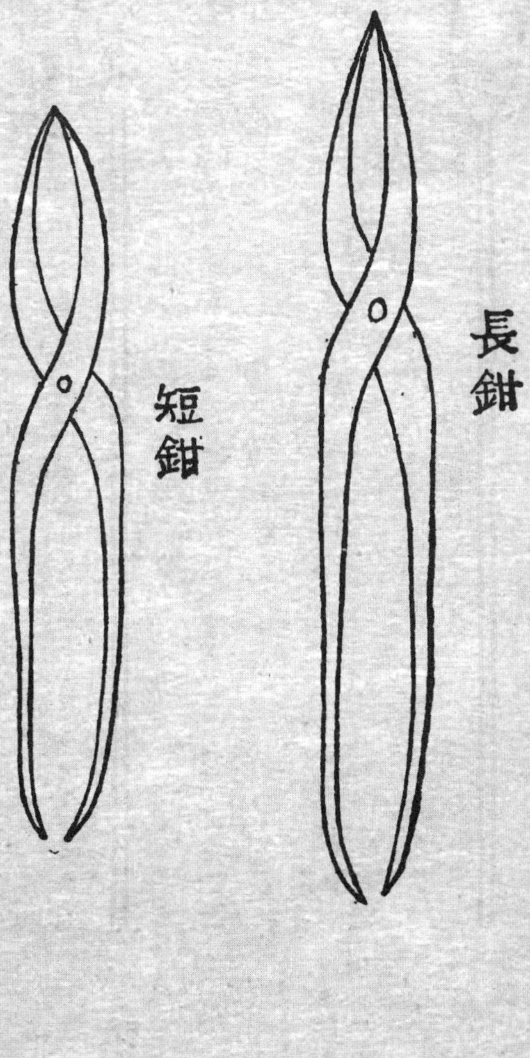

一二五

火攻挈要諸器圖

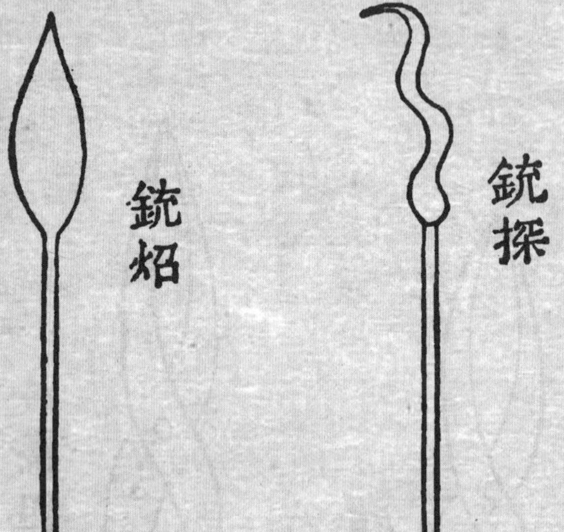

二六

火攻挈要諸器圖

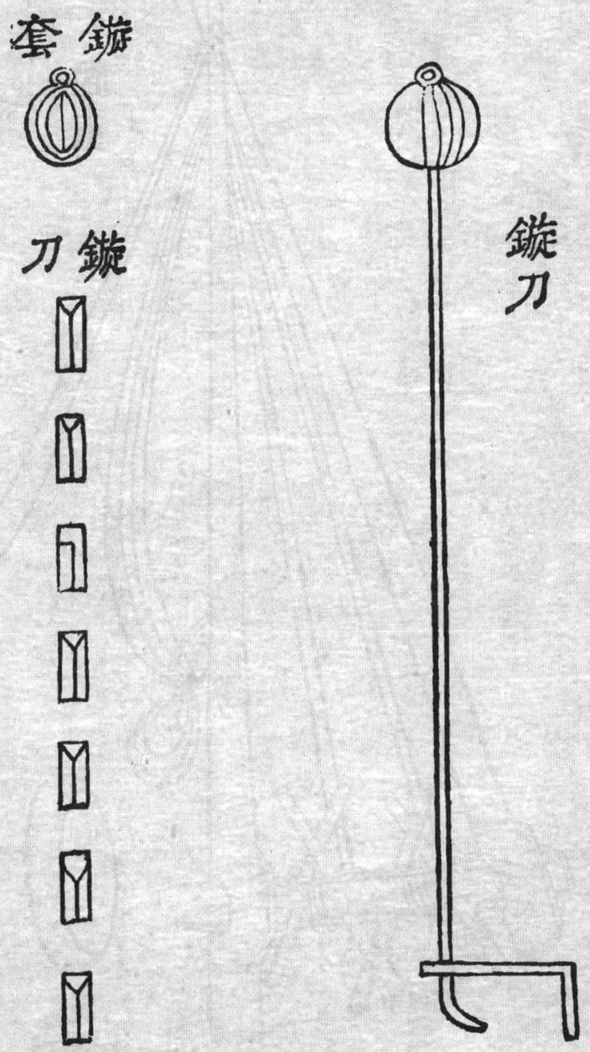

二七

火攻挈要諸器圖

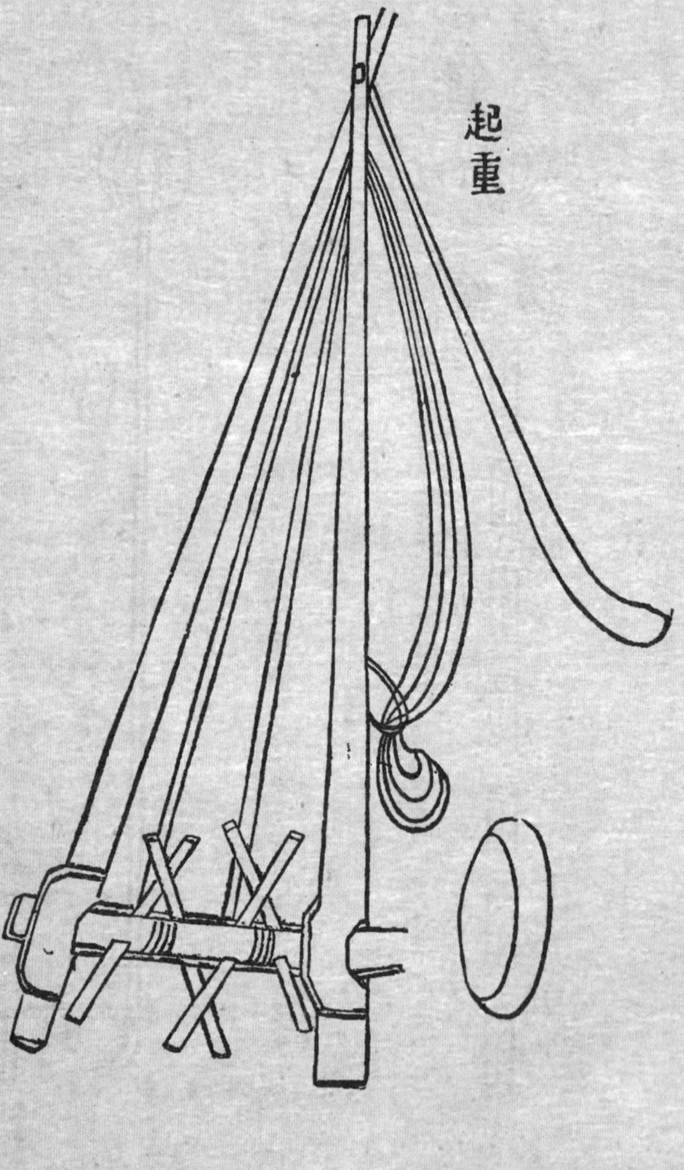

二八

火攻挈要諸器圖

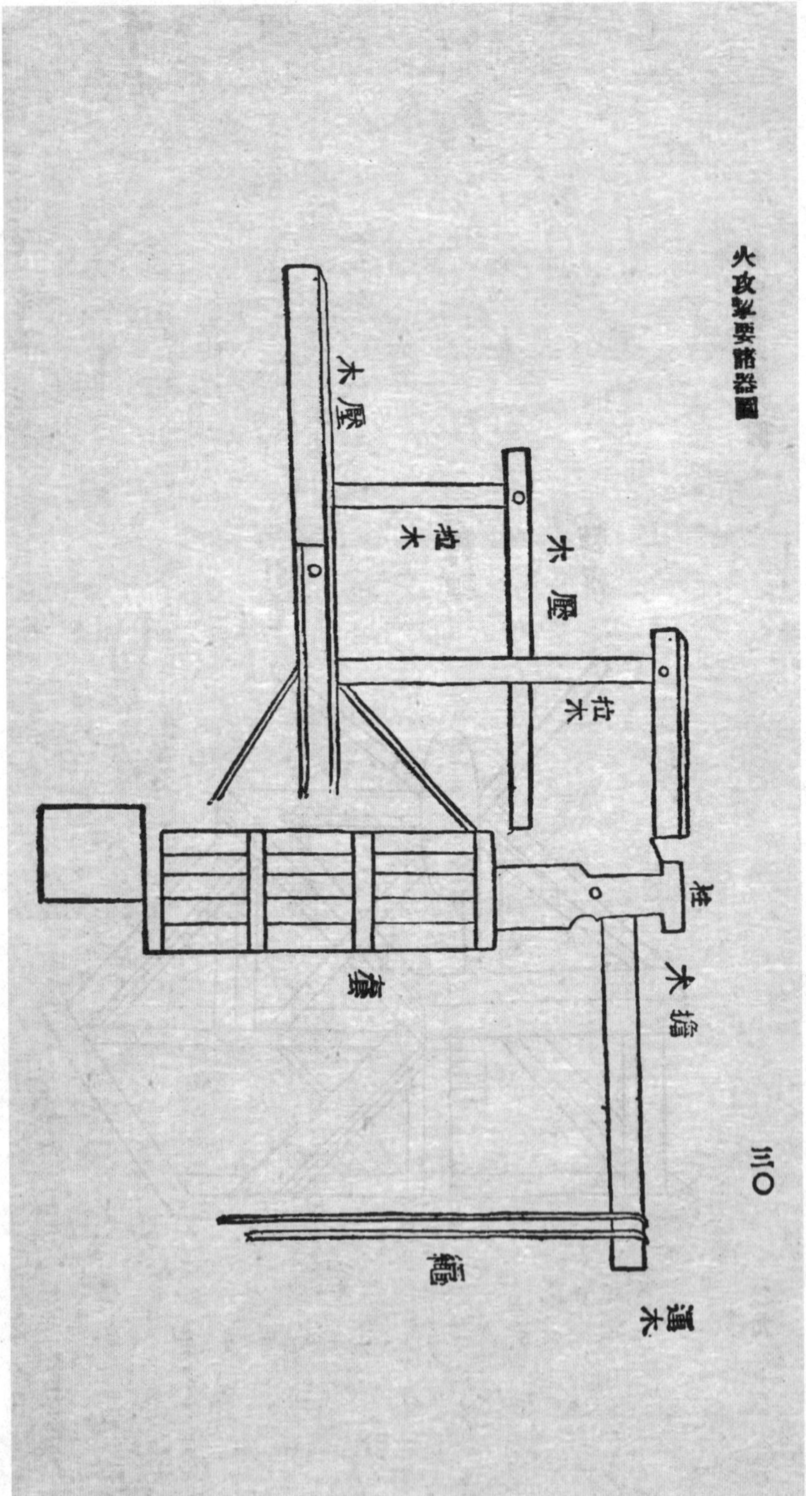
火攻挈要諸器圖
壓木
拉木
壓木
拉木
柱
橋木
通木
繩
三〇

火攻挈要諸器圖

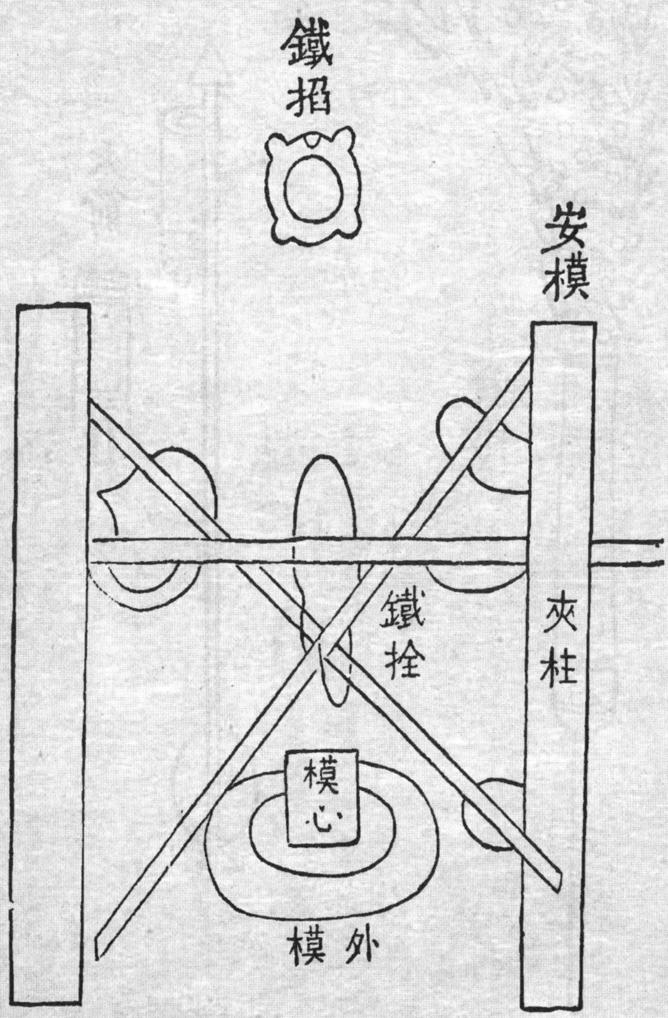

三一

火攻挈要諸器圖

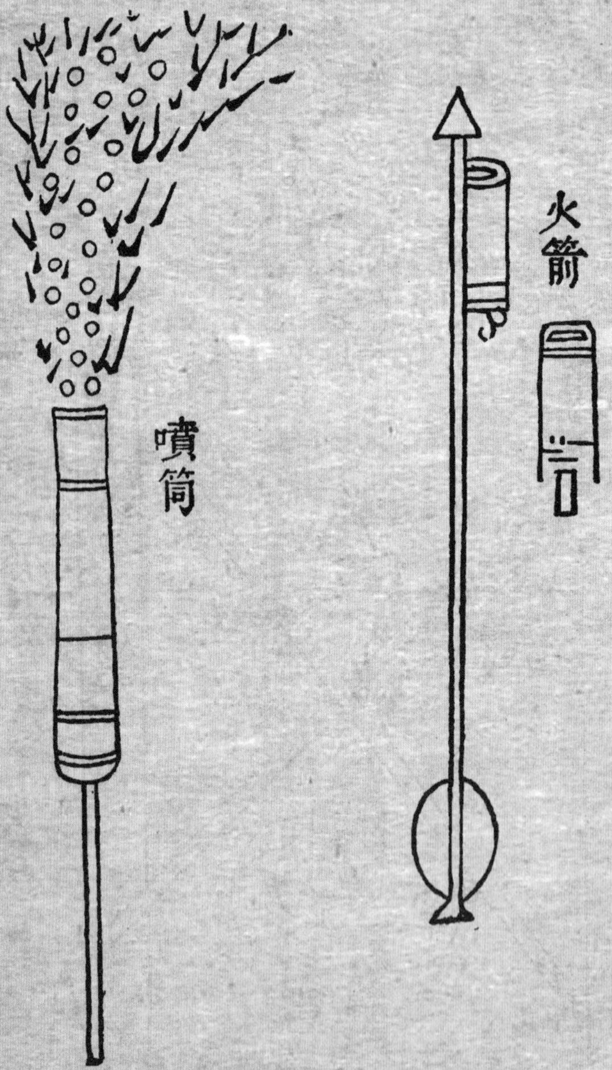

三二

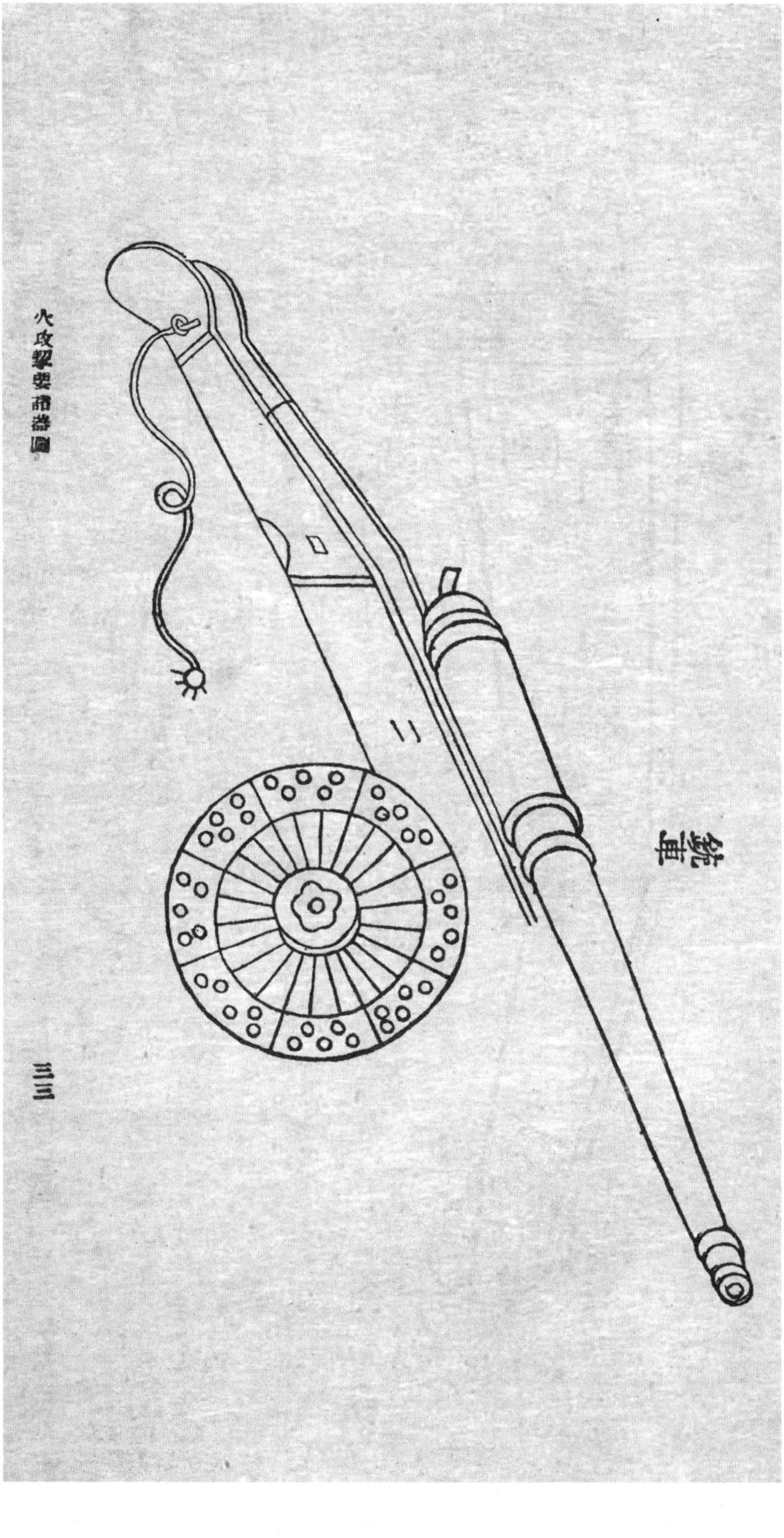
火攻挈要諸器圖
銃車
三三

火攻挈要諸器圖

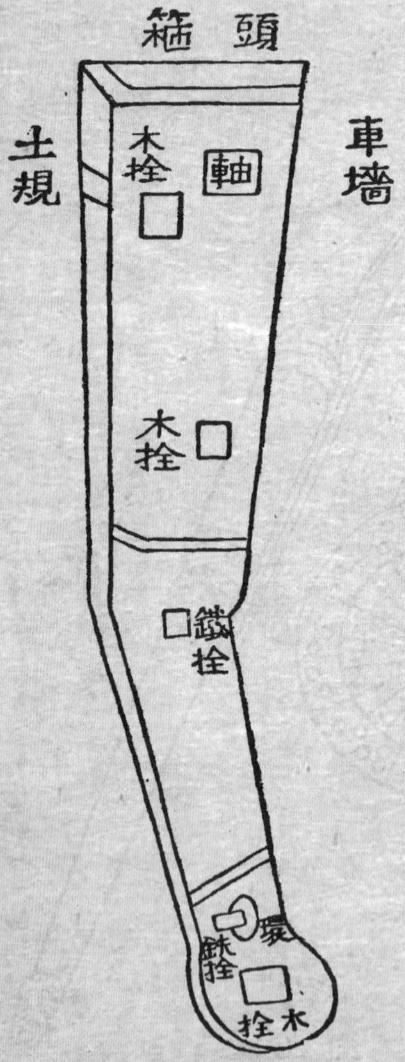

三四

火攻挈要諸器圖

轂

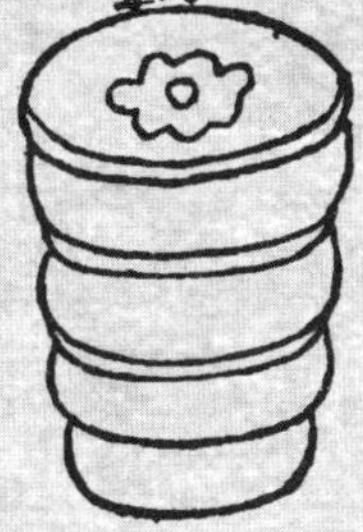

輪

火攻挈要諸器圖

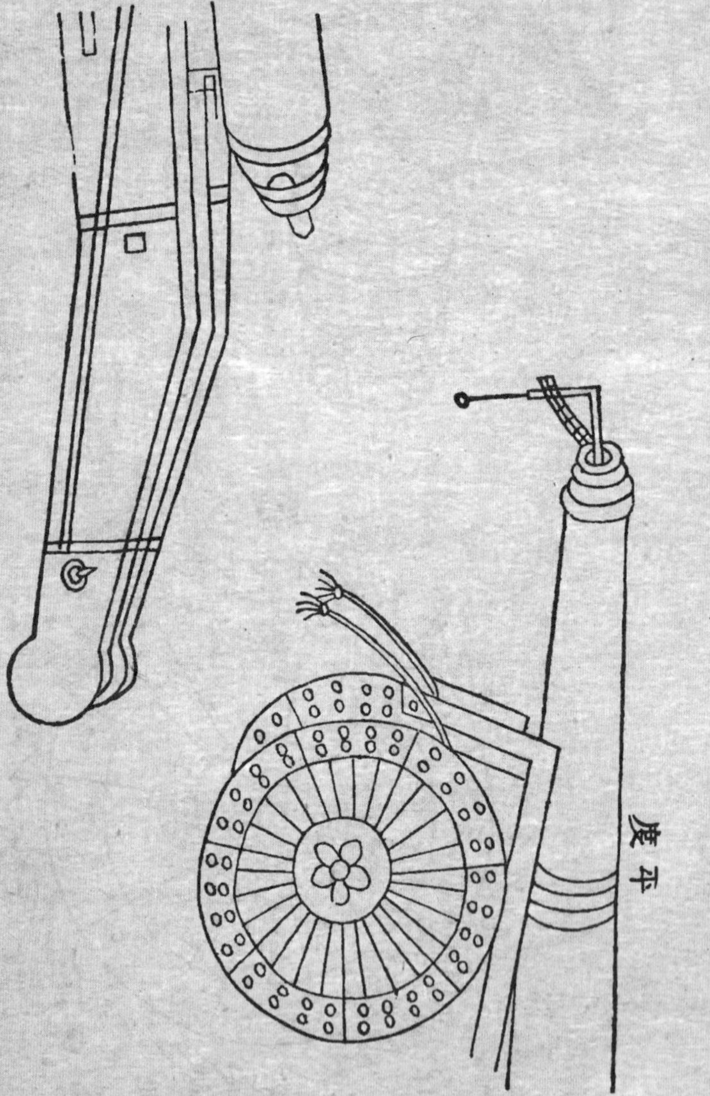

火攻挈要諸器圖

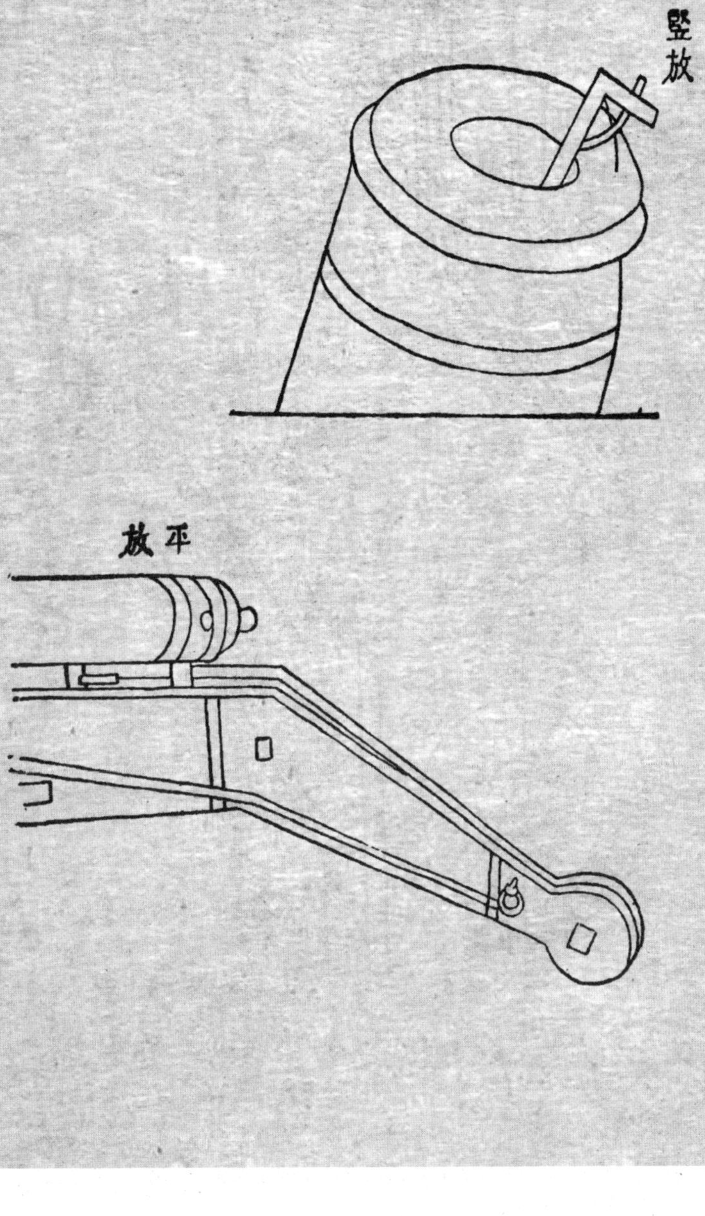

三七

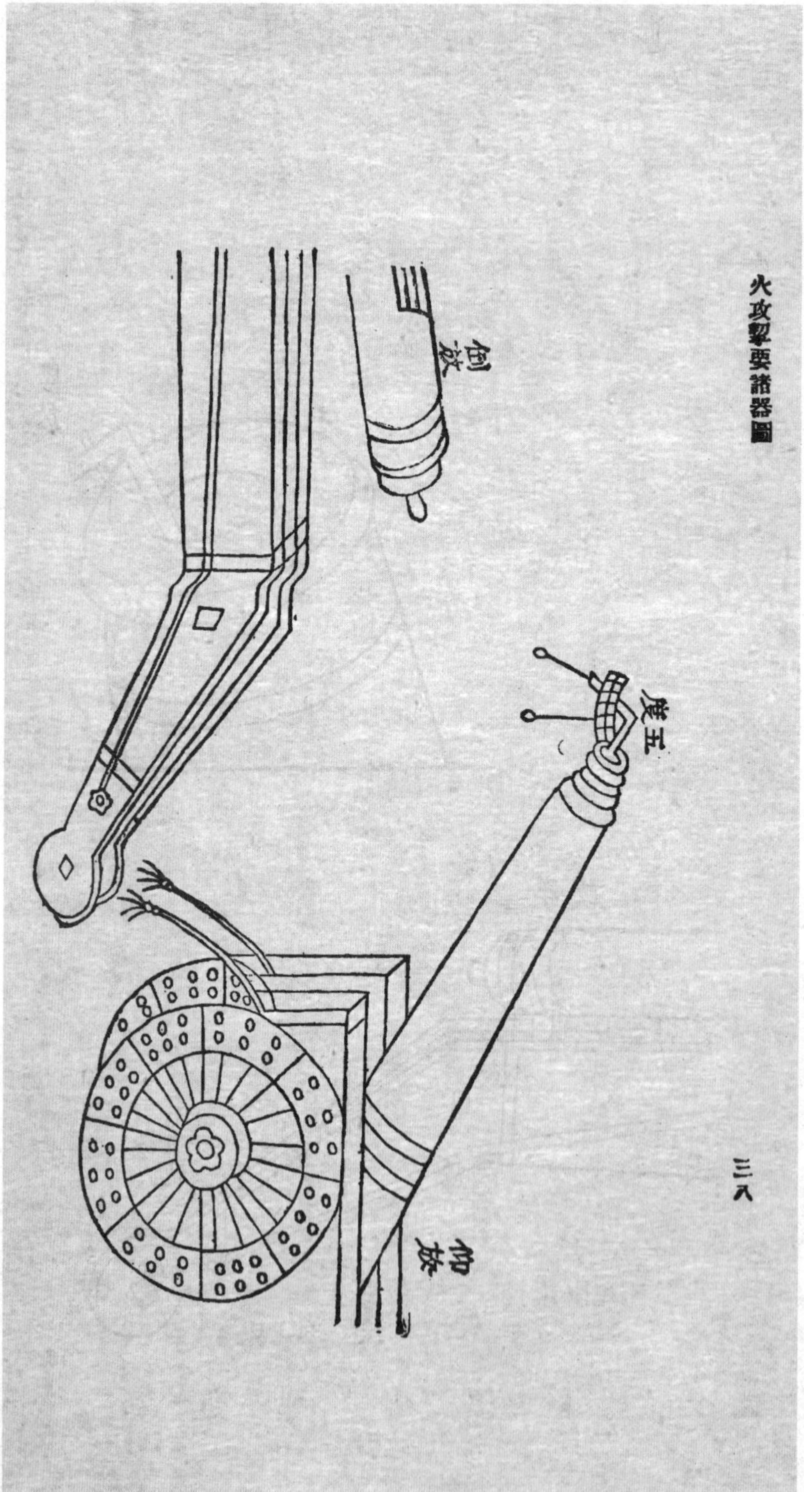
火攻挈要諸器圖
倒放
仰放
三八

火攻挈要諸器圖

三九

火攻挈要諸器圖

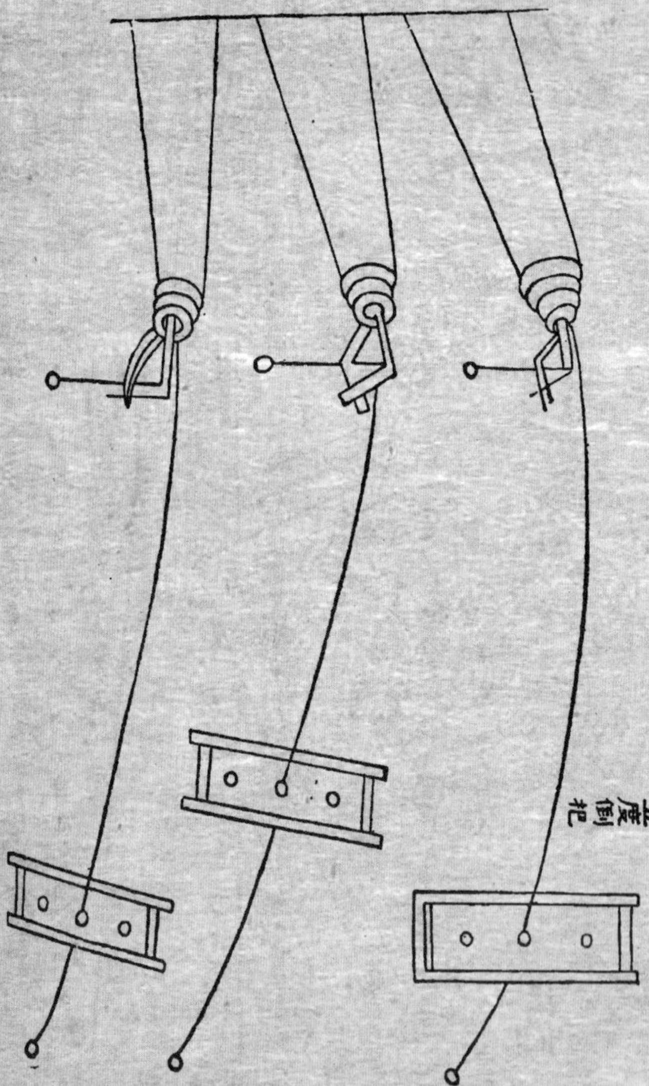

四〇

火攻挈要目錄

卷上

卷中

未盡機秘另詳將略各卷之內

火攻挈要卷上

泰西　湯若望授　明　寧國焦　勗述

槩論火攻總原

用兵之道。原以角勝而已。唯彼此角勝。則愈久愈變。而愈得其精。自蚩尤始變造五兵。以勝徒手。黃帝再變造甲冑。以勝五兵。至春秋漸變而製弓弩礟石遠擊之技。又以勝短兵矣。孫子更變。而用火攻。焚人馬。焚糧草。焚輜重。焚府庫。焚營寨。謂之五火。更勝於兵器之利多矣。我國朝更製有神威發熕。滅虜狼機。三眼快鎗等器。措之軍中。更覺隨時可用。隨地可施。以此蕩平寇虜。廓清宇內。戰陣攻取。所至必克。此又勝於焚燒之技絕相遠矣。近來購求西洋大銃。其精工堅利。命中致遠。猛烈無敵。更勝諸器百千萬倍。若可恃為天下後世鎮國之奇技矣。孰意我之奇技。悉為彼有。然則談火攻者。豈宜拘執往見。槩恃為勝著哉。深心茲道者。必更翻然易慮。詳察利弊。灼知近來所以不勝之故。默計將來所以致勝之方。如是講究。革故鼎新。條分縷析。以求萬全。則庶幾乎可以語火攻之微意矣。

詳察利弊諸原以為改圖

軍中所恃以無敵者。火攻是也。先聲能奪人之氣。隔地能傾人之命。一丸之彈。可以斃萬夫之將。一囊之藥。可以敗百千之兵。誠兵器之首利。禦敵之前鋒也。奈何近來徒有火攻之虛名。並無火攻之實效。其故何也。蓋因承平日久。疲將驕兵。粉飾虛文。罔計實用。鑄銃無法。不諳長短厚薄度數之節。不能命中致遠。或橫顛倒坐。及崩潰炸裂。而反傷我軍。造藥無法。不諳分兩輕重之數。配合研搗之工。不能摧堅破鋭。或損鎗壞銃。及收晾失事。而延禍極慘。裝放無法。不諳遠近之宜。衆寡之用。循環之術。或先期妄發。賊至而反致缺悞。或發而不繼。乘間而衝突可入。或倉皇失火。未戰而本營自亂。此貽害莫大。勝着果安在哉。爲今之計。必宜改絃易轍。詳悉講求。如鑄銃。必如何可以使遠而猛。疾而準。如何使銃身不動。無橫顛倒坐。及炸裂等弊。如何分戰攻守三等銃身上下長短厚薄。無不合宜。如何使子銃與母銃。大小長短無不合法。如造藥。必如何可以使迅速而猛烈。如何使燃之手心不熱。紙上不焦。及不致損傷鎗礮。如收藥。必如何可以過夏不潮。如何使久貯而永無疎失之病。如裝放。必如何分仰平倒三法。而知彈所到之遠近。如何用鉛鐵石彈。與何銃相宜。如何使擊放寬大而殺賊多。如何使循環迭擊。而礮不絕。如何介擊放終日。而無失火之虞。如何使熱礮即冷。可以復裝。如用銃。必如何運重爲輕。可以疾趨。如何轉動機活。可以迎淩。如何可以升高渡隘。不致阻滯。如臨陣。如何擊虜之零賊。如何拒虜之全軍。如何備虜之迭進。如何取虜之主將。如何使火器不放。而虜騎亦不敢衝突我營。必如此詳審。則弊自去而利自存矣。

審量敵情斟酌製器

人知攻敵。全恃火器。未知制器。先欲量敵。故製器得法。可以勝敵。則一器可收數器之功。若製器無法。不能勝敵。則百器不獲一器之用。今之大敵。莫患於彼之人壯馬潑。箭利弓強。既已勝我多矣。且近來火器又足與我相當。此時此際。自非更得迅利猛烈。萬全精技。每事務求勝彼一籌。或如何以大勝小。以長勝短。以多勝寡。以精勝粗。以善用勝不善用。則勝斯可必矣。如目前火器。所貴西洋大銃。則敵不但有。而今且廣有矣。我雖先得是銃。奈素未多備。且如許要地。竟無備焉。自此而下。其大器不過神威發熕滅虜虎蹲。小器不過三眼快鎗。此皆身短受藥不多。放彈不遠。且無照準。而難中的。銃塘外寬內窄。不圓不淨。兼以彈不合口。發彈不迅。不直。且無猛力。頭重無耳。則轉動不活。尾薄體輕。裝藥太緊。即顛倒炸裂。似此粗惡疏瑕。反足取害。安能以求勝哉。爲今火器。無如倣照西洋。其大者依法廣鑄各等大銃。小者狼機、鳥機、鳥鎗。只此數種。其制亦長短中矩。厚薄適宜。其用能命中致遠。堅利猛烈。更以造鑄有傳。藥彈兼精。裝放如法。配以精卒利兵。翼以剛車堅陣。統以智勇良將。以戰則克。近有鳥鎗短器。百發可以百中。遠有長大諸銃。直擊數十里之遠。橫擊千數丈之闊。更有大塘家銃。擊寬斃衆。慘烈無比。以攻則飛彪自上擊下。人民房舍無不虀碎驚翻。自下擊上。鉅郭重牆。莫不掀裂。更有虎唬獅吼。直透堅城。如摧朽物。以守則有臺垣異制。銃器異宜。更以窺遠神鏡。量其遠近而後發。如是器美法備。制巧技精。力省功倍。兵少威強。以是禦敵。庶幾有可勝之道矣。

築砌鑄銃臺窑圖說

鑄銃之臺。四旁用磚砌。中間用黃土塡滿築實。高一丈六尺。寬長各四丈。正面凹進三分之一。其形見方。凹處兩傍及臺後。各用磚砌梯凳。以便上下。凹處之裏面。又開井窑。以爲安模之用。其窑深二丈。寬徑六尺。正面敞口。底下開竅。以通濕氣。其臺上蓆棚。聽候造模化銅之際。隨用所宜。臨時蓋搭。不必預設。臺之開處。另搭庫棚二間。收藏器具物料等件。以便臨時取用。其大爐必安窖後。以便引銅傾鑄。造模宜近窖。

鑄造戰攻守各銃尺量比例諸法

西洋鑄造大銃。長短大小厚薄尺量之制。着實慎重。未敢徒恃聰明。創臆妄造。以致悞事。必依一定真傳。比照度數。推例其法。不以尺寸為則。只以銃口空徑為則。蓋謂各銃異制。尺寸不同之故也。惟銃口空徑。則是就各銃論各銃。以之比例推算。則無論何銃。亦自無差悞矣。戰銃空徑三寸起至四寸止。身長從火門至銃口三十三徑。火門前銃牆厚一徑。耳前牆厚七分五釐徑。銃口牆厚半徑。銃底厚一徑。尾珠在外。其珠之長大。各得一徑。銃耳之長大。俱各一徑。火門至耳際。得十三徑。耳得一徑。耳前至銃口徑。得十九徑。〇此係四六比例之法。火門距耳得十分之四。帶耳至銃口得十分之六也。其體重五百觔至千觔止。亦有頂大重三千觔者。其彈重四觔至十觔止。

飛龍銃空徑二寸起至五寸止。子母銃身共長五十五徑。大號用子銃三門。小號用子銃五門。子銃身長五徑。底一徑。用牆得一徑。子銃口淺籅宜深。後拴鎖壓處。當緊籅處。得一徑。拴處得半徑。子銃火門至母銃耳際。得二十二徑。耳得一徑。耳前至銃口。得三十二徑。餘悉照前。〇此亦狼機之制。因能遠發。故名飛龍。

㸌銃。口下空。徑五寸。火門前裝藥處。空徑二寸五分。身長。從火門至銃口八徑。塘內裝藥。窄處得二徑。藥前寬處得六徑。裝藥牆厚半徑。銃口牆厚二分五釐徑。銃底厚一徑。尾珠銃耳長大各六分徑。火門至耳際二徑。耳得六分徑。耳前至銃口得五徑四分。〇此係四分比例之法。謂火門距耳得一分。帶耳至銃口得三分。蓋以銃前塘寬體輕故也。又以塘口極寬故名象銃。

噴銃口下空徑一尺。火門前空徑五寸。身長從火門至銃口四徑。塘內從底至口。一直往上。如敞口喇叭之形。不比象銃分寬窄兩截也。火門前牆厚二寸五分。銃口牆厚一寸二分五釐。底厚三寸。尾珠銃耳長大各三寸。餘悉照前。〇此亦象銃之類。但體更輕。所裝彈藥更多。攻銃空徑四寸起至六寸止。身長十八徑至二十二徑止。火門至耳際得八徑。耳得一徑。耳前至銃口得十一徑。彈重十觔至五十觔。銃塘更宜光直。用彈定要緊貼藥上。且與塘內毫無寬縫漏火。則發彈遠射而且有力。餘悉照前。

虎號銃空徑六寸起至一尺止。身長二十徑。彈用五十觔至百觔止。銃身較戰銃可加厚三五分。餘悉照前。

獅吼銃空徑一尺至一尺五寸止。長十五徑。彈用一百觔至二百觔。銃身照戰銃可加厚半徑。餘悉照前。

飛彪銃口下空徑二尺。火門前裝藥處空徑一尺。身長從火門至銃口四徑。塘內裝藥窄處二徑。藥前寬處二徑。口下牆厚半徑。裝藥處牆厚七分五釐徑。底厚七分五釐徑。尾珠銃耳長大各半徑。火門至耳際得徑半。耳得徑半。耳前至銃口得二徑。

守銃空徑二寸起至五寸止。身長十六徑至八徑止。彈用四觔至十觔止。餘照前。

西洋製守銃殊短之意。蓋備敵人攻城時之所用也。若敵人屯營遠寇。必藉長戰銃遠擊。以亂其營。使彼不敢久停。若蟻聚蜂擁。逼臨城下。又必藉大象銃以爲擊寬斃衆之計。若高築敵臺。負固對擊。則更必藉火銃攻銃。以爲摧堅之用。總之遠近寬窄。隨宜酌用。變化在人。又豈可拘泥名色。而自誤實用之功效哉。但守銃之制。大約以銃口距耳。應得身度三分之二。帶耳至火門。應得三分之一。蓋謂守銃利於朝下放故也。其城守之象銃。較戰陣之象銃。又必加長四徑。共得十二徑。方可遠擊而斃敵也。若止於八徑。則火力短而出彈近。及至中敵。已無勁矣。

造作銃模諸法

用乾久楠木或杉木。照本銃體式。鏇成銃模。兩頭長出尺許。做成軸頭。軸頭上加鐵轉棍。安置鏇架之上。以便鏇轉上泥。木模既成。將銃耳、銃箍、花頭、字樣等模安上。用羅細煤灰勻刷一層。候乾。用上好膠黃泥。和篩過細砂二八和參。或用本色砂泥亦可。用羊毛抖開參入泥內。和勻作經。不可太乾。亦不可太濕。如塗牆之泥爲準。泥或塗在模上。每次約可寸許。塗勻將轉棍轉動。用員口木板邊蘸水盪平。候乾。照前再上。其泥之厚薄。照銃口空徑一徑六分。如銃口徑五寸。則模泥用八寸厚是也。俟上泥厚至三分之二。則以粗條鐵線從頭密纏至尾。纏畢照前上泥。俟上至十分之九。則以指大鐵條。照依模長。大號模用十六根。次號十二根。小號八根。勻擺模上作骨。隨用一寸寬五分厚鐵箍。大號用八道。次號六道。小號四道。照泥模頭尾自度大小勻箍鐵條之外。又照前上泥。上完盪勻。候乾透。然後可用。其乾之日期。大號銃模約待四個月。次號三個月。小號兩個月。可必乾矣。俟乾畢。將木心敲出。用炭火入模內。一則煉乾泥模。二則燒化銃耳銃箍及花頭字樣等件。成灰。候冷用雞毛箒掃出灰渣。將木銃模底安定。再安尾珠。悉照前法上泥。上完候乾。取出木底。用炭火燒化尾珠。俟冷淨。聽候下窑鑄造。

模心用鐵。照本銃空徑長短。打成鐵心。其徑之大小。卽照本銃空徑之半。如空五寸。則鐵心當用二寸五分。周圍之泥。共得二寸五分。心尾打方孔。深三寸許。另安鐵轉棍在內。以便鏇轉。其鐵心之首長出二尺。折轉五寸。爲扒頭。以便拴繩提放之用。鐵心二三寸之下。留一方孔。安鐵轉棍。鐵心之下尺許。留十字方孔。以穿寸大鐵條。以便下模閣置外模之上。鐵心既成。安於鏇架之上。照前法上泥。漸次上完。用維細煤灰上勻。候乾聽用。

下模安心起重運重引重機器圖說

凡大銃之模。輕者數千餘觔。重者數萬餘觔。若非預製機器。運重爲輕。則斷不能隨手轉動也。

起重用六寸徑。二丈長。竪木三根作柱。柱頭用鐵箍。箍下鑿一圓孔。二寸徑大。用圓鐵拴一根。長二尺四寸。將三柱穿綰一處。鐵拴之兩頭。用鐵箭箭住。將柱品字竪立。於中柱穿拴之下。隔二寸許。鑿圓孔二寸徑。大拴繫雙銅盤滑車上下二具。以徑寸粗麻繩二根。穿入上下滑車之內。於二柱下脚。離地二尺五寸許。開半規。用五寸徑竪木一根爲軸。約長七八尺。納柱半規之內。外用木二尺。亦開半規。幫釘軸外十字穿心。勻安木擠四根。長四尺。將上繩拴繫軸上。下繩拴繫模尾。用四人絞轉軸木。則繩漸升而模自起矣。

凡起重物俱可例用。

此器人用者頗多。但上懸滑車。止有單盤一輪。所以起重猶費力耳。玆則妙在滑車有上下二具。雙層銅盤。共有二十二輪。上下繩索。宛轉活利。較之尋常省力數十倍矣。

運重用堅木一根。一尺二寸徑。三丈長。爲總柱。鈎分兩截。上截長一丈。頭用鐵箍。箍下四寸許。開馬口方孔。二尺高。八寸寬。孔內之下。安二寸徑鐵圓拴一根。以便含架橫擔。孔下鐵箍一道。柱之下頭。亦用鐵箍。箍內嵌以鐵盤。中開方孔。徑二寸五分。深一尺五寸。納以方頭鐵心。下餘一尺爲圓鏇。鏇頭尖圓。插入下截柱內。以便轉動。下柱長二丈。將一丈埋入土內。土上存一丈。頭用鐵箍。箍內嵌以鐵盤。中間圓孔徑三寸。深一尺二寸。孔底嵌以鐵臼。鐵臼中心圓窩。外體方形。徑二寸五分。厚二寸。孔塘鑲嵌鐵筒。其長照塘厚一分。上下兩柱交插之際。上柱微粗。下柱微細。以便轉動。其柱心鐵鏇略長二三分。柱木相接處。略短二三分。則轉動之時。庶不壓住。而活便隨手矣。柱外用木圈四個。小柱五根。長一丈。徑大四寸。造成套式。安置大柱居中之處。上半截實釘柱上。下半截爲活套。稍寬二分。套上安置拉壓等木。以便轉動。所用擔壓等木。或榆或檀。擔木八寸寬。一尺厚。一丈二尺長。於擔身三分居二之際。鑿二寸徑七分圓。以便含架柱頭鐵圓拴之上。在下壓木見方六寸。大一丈三尺長。居中壓木長六尺。見方四寸。拉木各長五尺。厚二寸。寬三寸。兩旁夾木厚三寸。闊四寸。其拉壓之際。各用寸徑鐵圓箍。以便轉動。在上擔木之末。用二寸徑粗麻繩安套。以挽檐首。在下壓木之末。用徑寸麻繩安套。以便拉挽。

此器中國名爲天秤。但止用柱頂橫擔一根。所以用力猶難。玆用拉壓三層。繇短漸長。上下牽拽。左右轉動。用人極少。而得力極大矣。

引重轉軸絞擔。悉宜高與胸平。則轉絞便於用力。其餘法製。簡約顯明。看圖自知。不另立說。

下模先於模體半乾之時。將火門之上。開一方孔。寬半徑。長一徑。外口略寬。以便安置鐵揞。將原泥仍照孔做成泥塞。煉乾以備塞孔之用。俟模已乾。用運重繩拴住模首。用起重引重繩各拴住模尾。拴繫既定。將運重起重一齊升挽。離起原所。以運重壓柄向前轉送。以引重前拽。引至窖井受模之處。將模漸落安對模窩。次以模首引扶端正。於火門之上所開方孔。用折疊圓圈十字鐵揞折轉。送入模內。展開安置穩當。其揞徑之鐵條。或五六分大。或一寸大。於模口二尺之外。亦用折疊鐵揞。折轉放進模內。展開。從下擠上安妥。用壯繩四根。各拴鐵鈎。鈎住鐵擋。將繩頭各拴繫模外。聽候安心。

安心先將模心照前升挽。引至模口。極力升起。端正正對揞內。從容放落。插入下插之內。安妥。將鐵心之上十字鐵拴架平。緊縛兩傍夾柱之上。將下口塞緊。上鈎取出。四圍用乾土築實。底下用法以通濕氣。

論料配料煉料說略

凡鑄大銃。必先愼用銃之質體。蓋銃之質體。猶人之肌體也。肌體不固。則人必患病。質體不堅。則銃必受傷。鐵質粗疏。兼雜土性。若以生鑄。必難保全。必着實燒煮化去土性。追盡鐵屎。鍊成熟鐵。打造庶得堅固。銅質精堅。具有銀氣。但出礦之際。人必取去其銀。而反參錳以鉛。則銅質亦轉粗疏。恐銃鑄成多有炸裂之病。今鑄成銅銃。必先將銅煉過。預先看驗質體純雜堅脆若何。如法參兌上好碗錫少許。用尋常爐座、照常法將銅鎔成清汁。以錫參入化勻。傾成薄片。或三觔五觔一塊。聽候燒入大爐鑄造。

造爐化銅鎔鑄圖說

西洋鑄銃大爐。不用煤炭。只用乾柴。先將爐底旁邊。挖坑二尺餘深。用磚砌爲窩池。其爐底用硬磚砌平。厚五寸許。上用牛羊骨燒炭。研麵。同磁麵黄泥青灰和勻。塗於爐底之上。及出銅之口。與溜槽等處。厚二寸許。再用傾銀礶。用水泡爛。勻塗受銅過銅等處。厚五六分。蓋取骨灰等物細膩堅密。不致銅有滲漏之弊。爐底四圍略高。中心微低。於低處至口。愈宜漸低。以便出銅。爐之外。形高三尺。內鎔銅之池。及燒柴之竈。距頂二尺餘高。其竈形長扁橫直。得池之半。徑於池相平處。用寸徑鐵條橫砌竈內。上下之中。每條相距二寸。以便架柴漏灰。貼池處。砌一牆相隔。上留寬縫三寸許。以通火焰倒捲入池。不用風扇。其火猛烈。化銅更爲迅速。鐵條之際。外開長形竈門。以進柴。下以透風。其竈之頂。似捲洞瀠形。較前池頂略高二三寸。以暢火勢。爐頂之全形。中高旁低。狀如伏蛙。蛙頭兩旁。各圓竅二寸餘大。以通烟氣。其銅池圓形。橫直得一方徑。池之兩旁。各開小門。寬五寸。高八尺。以便進銅。俟爐造完略乾、用柴煉至通紅。盡消濕氣。毋令底潮而凝銅也。化銅之際。將銅鉗入池內。輕放池上。愼毋亂摔。以傷池。俟傾入銅。約勻三分之一。即用大火摧化成汁。逐漸添銅。俟化盡又添。否則恐多添冷銅。並前化者亦凝結矣。俟銅汁化清。如油如水。上起金花綠焰之際。將爐口橫口溜槽等物掃淨。將爐口鐵塞敲進。引出銅汁來。繇漸放入模內。候滿本模數寸之餘。即將溜槽開竅。引銅別注平坦之地。結爲薄片。以便後來用時。可以任意敲擊而取用也。倘留在爐內。則體質凝厚而難擊碎矣。

起心看塘齊口鏇塘鑽火門諸法

起心之法。俟銃鑄成三日之內。將模心搖撼鬆泛。至五日內用起重將模心起出。至八日內將土挖開。用起重引重將銃放倒。拉至平地。兩頭墊起二尺餘高。將模泥打去。內外掃淨。倘銃之外體雖好。尚未知塘內如何。當用看驗之法。驗其內塘若有深窩漏眼。則爲棄物。必將毀壞而再鑄矣。如果完全光潤。則爲寶器。宜珍惜之。蓋謂西洋本處鑄十得二三者。便稱國手。從未有鑄百而得百也。

看塘之法。務用火鏡對日光。以銃口對鏡。借光反照。看驗如何。此法雖是。但恐陰晴不定。難以應急。又法以鐵打成螺絲轉杖。名爲銃探。從下探上。但微有窪突。探到便知。此法可用。但未目覩。終屬臆度。畢竟不敢放心。總不若新法。以鐵打成棒椎之形。外安長木柄。名爲銃照。將此入爐燒至極紅。插入銃塘。亮若燈光。從下照上。無微不見矣。

齊口之法。小銃用銅鉤鉤齊。大銃用鋼鏨鏨齊。末用大礎礎光便是。

鏇塘之法。即用鐵心去泥。下頭方形。上安鐵套。套外八面安純鋼偏刃。鏇刀上頭安車輪。以十字鐵條絆緊輪外。安鐵轉棍。將銃墊起均齊。兩頭平高。將刀鏇擡上鏇床。平對銃口。插入口內。緜漸鏇進。鏇下銅末掃去再鏇。或三五次。以光爲度。

鑽火門之法。比炤內塘尺量。緊挨銃底。以純鋼粗鑽。醮油鑽下。與底相平。方爲合式。凡係銃之倒坐。與不倒坐。全在於此。若略高一尺二分。則放銃之時。必倒退數十步。戰陣之際。貽禍不淺。慎之慎之。

製造銃車尺量比例諸法

大銃之必用車。猶利劍之必用柄也。劍非柄則無以把握。銃非車則難以運動。故銃車之制。必長短厚薄大小尺量比例合法。庶擊放之際。不致搖撼。戰陣之間。可追奔而輕便矣。其尺量等法。亦以銃口空徑爲則。以大木爲牆。牆厚一徑。長如銃身加十分之二。牆頭四徑半。牆尾寬三徑。自頭距尾十分得六之處。微灣下。重牆頭至身。照牆寬徑一方之處。安車軸。於軸位之上。往前半截。開半規鑲。以一分厚鐵片。以架銃耳。上下均安鐵箍三道。頭一道闊二寸五分。打釘十八個。中一道闊二寸。用釘十六個。尾箍闊一寸五分。用釘十四個。箍厚各二分。釘長二寸。牆頭包裹鐵片。寬八分。徑長二十徑。厚三分。各用釘十六個。長各三寸。兩牆相合。用木橫拴三根。見方一徑。上二根長四徑半。俱半簨。其一距牆頭一方徑。居軸之上。牆之中心。其一距牆頭九分之三。牆之下。而與軸相平。其一距牆尾二徑。居牆之中心。長七尺半。透出牆外一徑。用鐵箭。箭之上覆墊板。長十徑。闊三徑弱。厚分一徑之三。外用透簨鐵箭拴三根。方半徑。長七徑。其一居牆頭木拴之後。其一距牆頭九分之四。牆之中心。二者兩頭俱用鐵箭箭之。其一居牆尾木拴之前。兩頭貫以鐵環。以便拴繩拉拽。進退高下。車軸長十七徑。大二徑。中爲方簨。透出牆外。距牆半徑。鑿圓徑半之大。穿入輪轂。挨轂之處。用鐵箭箭之。每箭長二徑餘一寸。寬四分。厚兩端用鐵箍。箍闊一寸。厚二分。挨箍嵌鐵鍵二轉。每八條務與軸平。以擋轂內鐵圈。每鍵長二寸。厚四分。闊一寸。車輪共十二徑。大轂長四徑。大亦如之。外用鐵箍四道。每道闊一寸。厚二分。轂內空塘一徑七分。兩頭嵌以生鐵穿。其穿鐵之徑。各一寸。車輻每輪十四根。各長五徑。三分寬一徑厚八分徑車輞各七塊。厚一徑二分。闊二徑。長五徑一分。釘八個。務透輞木。長一徑五分。見方七分。鐵眼錢八個。以便轉釘腳。包輞縫鐵條各七塊。每塊長五徑一分。闊一徑。厚三分。用碾頭釘六個。各長一徑。頭大半徑。

裝放大銃應用諸器圖說

銃規

以銅爲之。其狀如覆矩。闊四分。厚一分。股長一尺。勾長一寸五分。以勾股所交爲心。用四分規之一。規分十二度。中垂權線。以取準。則臨放之時。以柄插入銃口。看權線值某度上。則知彈所到之地步矣。其權彈用藥之法。則以銃規柄書鉛鐵石三樣不等分度數。以量口銃若干大。則知彈有若干重。應用火藥若干分兩。但鐵輕於鉛。石又輕於鐵。三者雖殊。柄上俱有定法。無論各樣大銃。一經此器量算。雖忙迫之際。不惟不致誤事。且百發百中。實由此器之妙也。

銃墊

每銃四件。厚一徑。闊二徑。長四徑。墊後居中造圓柄。徑大半寸。長一徑。墊形從厚漸薄至前。以便低昂。

藥鍬

以銅片爲之。長五徑半。闊徑半。捲轉作鍬。寬合銃口半徑。並稱藥數。以爲定準。毋致臨期悞事。其口圓尖。其木柄照銃塘加長一尺。徑大一寸。

銃掃藥撞

以羊毛爲之。徑如銃口。以便掃銃之用。其柄照銃塘加長一尺。末接以檀木。徑如銃口。以便撞藥。即名藥撞。

起刮銃杖

以鐵爲之。長三尺五寸。徑大一寸。頭如鰻尾。尖圓而扁。以便起銃。尾如蟹鳌。尖利。開深一寸。可刮銃銹。亦可以撬銃低昂得宜。

轉彈鐵杖

煉鐵爲之。長七寸。其頭扁尖而利。形如烟燒。外向柄照銃塘加長一尺。如彈不甚圓。以急用悞投銃內。致橫擱於半空不出。則以此撥之而使出也。

箝火繩杖

以銅爲之。左右各灣長三寸。頭各開。以便箝繩點放。中餘直銃三寸。裝柄處亦三寸。其柄用木。長三尺。

火繩

以榕樹根最嫩者。去皮心。椎軟。和松脂撚繩。或竹青亦可。如棉繩麻繩。必用新者。入黑豆湯內。每繩一觔。

用淨硝二兩煮晾乾聽用

收蓋大銃鎖箍圖說

口蓋鎖箍

煉鐵為之。其蓋炤銃口外圍。務寬大。覆轉如傘幃樣。以避雨水浸灌。其蓋從兩際。各繫鐵鏁。灣曲之處。俱用樞紐。以便轉折。以一鏁合樞銜鐵處橫分。折疊兩股。以便圍轉。以一鏁開發。套兩股樞以銜之。以便上鎖。但蓋根底亦可挪動。故炤銃口空徑造圓木一寸長。釘於蓋之陰面。如火門柱子一般。挪動不開矣。

火門鎖箍

煉鐵為之。炤火門銃身圍圓。作箍厚二分。闊二寸。判為兩股。股似半規。兩端俱為樞紐。先以兩股樞貫以鐵銜。聯而為一。以便開闔。餘兩股樞以待合。而後鎖之。於近鎖稍偏三寸之際。比箍增闊一寸。於箍背面安一鐵柱。如火門孔稍。以便出納鎖匙。先以箍柱插入火門之內。然後以兩股合樞上鎖。庶箍有根蒂。不致上下挪動。其見方增闊。亦不致雨水之浸。

鑄造各種奇彈圖說

銃之得力處。全在於彈。故西洋彈制。非止尋常一色。其用彈亦非尋常一法。有專以擊遠者。攻堅者。橫截者。開闔者。炸爆者。寬撒者。驚震者。燒焚者。所用不同。故其制各異。惟合口之彈。不可太小。小則銃塘縫寬。火氣傍洩。發彈無力。且不得準。亦不可太大。大則阻攔塘內。倘偶發不出。則銃必炸裂。其法必欲大小得宜。湊合口徑微小三十一分之一。更欲光溜極圓。毫無偏長歪斜等弊。則擊放之際。火力緊推彈身。必更遠到而中的矣。其鑄法焰造銃模之泥。兩塊做成磚形。即以彈徑半規鐵片鏇成半窩。上以羅細煤炭刷滚。又用半規鏇勻模成。候乾燒過兩塊。對縫箝合。以麻皮纏褁。前泥封固。聽候用鐵鎔鑄。每鑄或一枚或數枚不拘。俟彈鑄成。鉗置圓窩鐵砧之上。即趁熱將彈上鑄口縫痕立即打圓。若彈冷必再燒再打。定以極圓爲止。若鑄小鉛彈。即以紫石爲模。每一鑄可得數十。鑄成用刀削圓鑄口縫痕。再用鐵滚槽滚過。末用布袋盛稻皮同鉛彈着實擦揉。庶得光溜。

圓彈。前説已盡。茲不贅陳

響彈。亦名吼龍彈。以生鐵鑄之。鑄時於模內更爲小模。以空其中。放時以空口外向。則出銃口迎風而響。如吼龍然。

鍊彈。亦名鴛鴦彈。其形中分兩半。彈心鑄存箝釘。長大各五分。如磨心相似。以便箝合渾圓。彈之邊際。各鑄鐵鼻。聯以百鍊鋼鏁。或長四五尺七八尺不等。放時先以鋼鏁入口。次以鐵彈合圓裝入。彈出之際。兩頭分開。横拉往前。所過無敵。

鑽彈。攻寨所用。中以百鍊純鋼打成粗條。長一徑半。粗得一徑四分之一。兩頭磋成尖銳。鑄時先定中線。毋使稍偏。並輕重長短。以致歪斜。不能直貫。若攻營寨。勢若拉朽。

鏨彈。攻城所用。亦以純鋼打成粗條。長三徑。粗得一徑四分之一。兩頭磋寬大劔形鏨頭。凡遇攻城先以此彈擊破。復繼以圓彈擊之。無不推倒。

分彈。亦名橫彈。以一彈中分兩半。以鋼條爲柄。長二徑。粗得一徑五分之一。中用鐵環爲紐。裝時以細繩輕縛。放時則橫開向前。此亦鍊彈之意。

鬮彈。一名扁彈。二圓分爲四塊。形如分彈。但柄短一徑。而鐵紐居中。蓋取扁鬮散陣之意。

散彈。圓彈分爲四塊。每塊鋼柄。長二徑。粗照前。然必輕重適均。毋使偏墜。此亦鬮彈之制。但所用更寬。

公孫彈。大彈一枚。帶小彈多寡不等。裝時先以紙錢緊蓋藥上。次裝小彈。末用大彈壓口。是名公孫。

蜂窩彈。大彈一枚。帶小彈碎鐵碎石及藥彈諸物。多寡不等。裝時先以諸物裝入。末用大彈壓口。是名蜂窩。

製造狼機鳥鎗說略

大銃宜用銅鑄。小銃宜用鐵打。其鐵用閩廣者佳。但打銃全在煉鐵極熟。捲筒全要煮火極到。若不諳此法。只恐薄而加厚。又恐重而減短。以致不能命中及遠。並銃亦無用也。又恐短鐵生筒。疎心炸裂。煉鐵炭火爲上。但北方炭貴。無奈用煤燒鐵。在爐時用稻草剉細。撚好黃土。憑洒火中。令鐵汁自出。煉至五火。用黃土和水作漿。入細稻草。浸一二宿。將鐵放在漿內。泡沃半日。取出再煉至十火之外。必須生鐵十觔。煉至一觔之時。方可言熟。

佛狼機係西洋國名。烏機即狼機之極小者。是以玆器格理甚精。設法甚密。其義蓋恐銃短不能達遠命的。故銃身必取其長。又恐體長轉身不便。難以裝放。故又多設子銃。更番提換。一以便裝。一以免熱。其銃之身長。小者自五十徑起。以至七十徑。大者自七十徑起以至百徑。銃身之後外爲半徑。以托子銃。其長必過子銃身徑。後鑿拴眼以受壓拴。子銃身大者十徑。小五徑。底各一徑。底後伸出一徑。以便拴壓。口上套籠。深長一徑。銃之口徑小者自五分起以至一寸。大者自一寸起以至二寸。銃之輕重。烏鎗自四觔至六觔。烏機亦同。狼機自五十觔以至百觔。城守者或用二百觔亦可。鉛彈自三錢起以至一兩。鐵彈自四兩起以至二觔。

是器之妙。全在子母銃筒。大小合一。其兩口相接之際。必爲鴛鴦長籠。薄湊緊密。不得絲毫大小。後拴鎖壓穩固。故彈出平正直速。自能遠中。而且有力。令人不諳此義。以銃身後截。即爲半徑托銃。蓋托銃既窄則子銃必小。而薄合之母銃。竟小數分。且彈不圓。不入子銃腹內。致藥發寸數而後及彈。則藥力緩矣。彈纔脫口。而母銃寬大。熀蕩藥力散漫。若此者。是猶無母銃矣。又何取於筒長欲遠中而力猛也。

銃身捲筒。小者用鉗。大者用提架。或三節五節。煮成全體。其各節之內。先要算定前後厚薄比例之數。大約子銃筒徑之厚。應得口徑十分之八。母銃後筒。應得十分之六。母銃前筒。應得十分之三。此狼機烏機之例也。若烏鎗則火門筒應得八分徑。口筒應得四分徑。各節熖此比例。上下周圍厚薄適均。其節縫合口之處。更要極力煮熟。於將合未合之時。用鐵刷刷去重皮。灰滓鎔煮渾化一體。候各節既成。然後接成長筒。着實火煮敲打勻直圓固。筒成之時。塞住一眼。以滚水灌入膛內。看有隙處再加火炎。必期毫無滲漏。方為良筒。

狼機內外焊。依大銃鏇塘打磨。其塘內更欲圓淨光溜。子母合口。鑲縫着實緊密。拴壓着實穩固。前後焊門焊星。正直無偏。後柄稍低數寸。以便看的不致礙眼。

鳥銃先磋去粗皮。分作八稜。前後十字。分中吊準墨線。插置鑽架之上。架頂用線吊下。直對筒上墨線一樣。用木鍥定。二人對鑽。又一人用鉗將鑽根提着。使鑽得旋轉伶俐。

鑽要長短五六根。自一尺起。每根添長三寸。至三尺長止。先鑽上口至中間。翻轉從底再鑽。相通為度。交接之處。更宜詳細看線。

銃筒既已鑽去粗皮。又須另換長鑽光洗。其鑽之兩頭。須長五寸。頂頭一寸。略作尖銳。中間四寸。務要勻直。大小一般。其筒洗出始直。若如棗核子。鑽時隨彎就彎。其筒畢竟歪斜。不得勻直。銃筒鑽完。磋磨停當。用鐵一條。磋成螺螄旋。或七層十二層。後尾方長寸許。微似門大。再用鐵一塊。打成方眼。將螺螄底方頭插入眼內。將筒鍥定架上。以螺螄底放入銃後門。用鉗擰入。將後尾磋去。止留方頭五六分。

火門用鐵磋成。作馬蹄樣。將筒後根鑿一槽。下寬上窄。將火門安入。其眼宜小。次安火門蓋及後紐等件。

焊門、焊星、後尾。俱焊狼機。

銃床必安木墊。端直乾挺方爲可用。若歪斜。則放時振動搖撼。銃亦因而不準。又必須漆過。則不怕水濕。

製造火箭噴筒火礶地雷說略

火箭。以搭過棉紙捲筒緊厚爲度。每下藥一匙。打一百錘。第二匙加一百錘。以後照數遞加。每筒約打至四千餘錘。則發始遠而且勁猛。藥箭須要麻稭灰。他灰不能透上。鑽孔之法。以藥分爲十分。約鑽至七分爲止。多則通頂出火不便。其孔要直。不直則歪。以鐵捍打成自然者更妙。且要寬大。可容三根藥線。出則透而有力。若孔細則線少火微。出則低近而無力矣。箭鏃長五寸。要寬大倒鬚。桿要堅直。長三尺或四尺。重二兩或四兩。用藥二兩五錢。若爲放火燒燃之用。必加後火藥。始得易着。其放法。必加溜筒。方可命中。筒外以礬紙托油紙兩層包裹。庶過夏不致走硝。可以久留。又有以此法造成數倍。然重大者。卽名飛箭飛刀飛劍是矣。

噴筒。以二寸徑粗竹。三尺五寸。去節。磨光爲筒。大頭朝上。外用籐絲緝箍五道。勻箍於筒之外。於下頭五寸之際。留竹底一節。下安木柄。長四尺。粗寸餘。套柄之處。用鐵釘箭之於筒內。以不木灰膠礬水調成漿水。周圍均漩一次。俟乾再漩一次。底上以不木灰膠礬水調泥築實。四五分厚。其膠礬分兩。膠一兩。礬二兩。水二觔。照常熬化。裝藥。用小竹筒三尺五寸。去節。裝粗壯雙藥信於內。插入筒底。四圍裝火藥。一徑。築實。下藥彈一徑。其彈與藥分兩相半。如此裝滿至頂。空一寸許。用合口火藥餅一個蓋之。餅心留孔。以通藥線。傍用碎紙塞緊。裝畢。將竹管從容拔去。外用礬紙托油紙。拴住筒口。中亦留孔。以通藥線。若行營。更加油紙二層。連藥信一並蓋住。用時去外一層。點放高十數丈。遠可四五十步。寬可十數步。此名滿天星。噴筒。亦名一窩蜂。無論戰與守。凡係近用。持柄任意噴燒。傷敵極爲寬衆。若爲燒焚之用。則以徑大藥餅。兩傍開竅。如銀錠樣。裝時用小竹管二根。各裝藥信。插入筒底。兩邊裝藥。一層下餅一個。餘法照前。此名飛天噴筒。亦名霹靂火。燒帆焚寨。所必不可少者。藥信者。火藥引線也。

火礶。亦名萬人敵。亦有用生鐵鑄成。圓形名西瓜礮者。總屬一類。每礶用炸藥一觔。或二五觔不等。雜裝爆仗、飛鼠、鐵蒺藜、碎鐵、碎石、礦灰、磁砂等物。其鐵石蒺藜要製過。灰砂要炒過。其分兩每炸藥一觔。雜物一觔。其礶用裹外有紬。庶免過夏發潮之虞。礶口宜小。且要束頸。以便拴固。礶外用四耳。耳上各拴粗麻繩。一截繩之兩頭各留二寸離礶。放時將礶頭各點着。隨便擲擊。橫直炸爆一里餘寬。傷敵甚衆。此係城守水戰。時刻不可少者。

地雷。亦名轟雷。用裹外有黏磁鐔。大小不拘。要小口束頸。旁有寬嘴。每鐔用炸藥五觔十觔。或數十觔不等。裝入鐔內。約滿八分爲度。用小管一根。照鐔長短。去節內裝粗信三根。兩頭長出寸餘。從口插入鐔內。鐔底用油紙封固。上用磁碗扣蓋。鐔下挖坑數尺餘深。將鐔埋起在內。以避水氣。四圍用大小堅石堆砌高厚。上用大石壓緊。外用泥土封固。如墳堆樣。使人不疑。亦有下挖深坑。上爲平地。使人不疑者。於鐔口藥信處。用小磁盆。着烘藥緊置口邊。以便安接走線點放。上用大磁盆多覆。以防雨水。此法大約宜於高阜。不宜於低窪。蓋恐雨水浸灌之虞。此係城外埋伏隘要。亦必不可少者。其用磁鐔之意。一則取其能避

火攻挈要　卷上　二二

雨水。一則取其倘或未用。亦可以收回也。

火攻挈要卷中

提硝提磺用炭諸法

提硝。用雞蛋清。每硝十觔。用蛋五個。或十個。視硝質之清垢。如何以爲加減。不必拘數。預備有耳大新鐵廣鍋二口。先用一口。量可容硝若干。大約以半鋪半鍋爲度。將蛋清入內。用手極力揉搓拌勻。漸加以水。傾入彼鍋。以水浮硝面一拳爲度。然後發火煎熬。以大木匙常用攪勻。俟大滾數沸。垢沫漂浮。用細密竹笊篱撈去。再攪再煎。不可大老。亦不可太嫩。以草根醮硝水。滴於指甲之上。即成突起圓珠。便是火候。用有釉新磁缸一口。以夏布二層。將缸口鞔定。以鍋內硝水傾入濾過。俟三五日後。硝已成牙。將浮水。另揮磁缸之內。取硝晒乾。研細。以細絹羅篩過。篩聽候配合。其水中未盡之硝。用前法再熬一次。將硝取盡。則餘水不必存矣。

又方。用甜水高硝面二寸爲度。每硝二十觔。用水膠一觔。先泡開。大蘿蔔一個。切作四五片。皂角二條。鎚碎。炭灰汁水四兩。同入硝鍋煎熬。以大木匙着實攪勻。候大滾數沸。將浮膠垢沫去淨。候蘿蔔已熟。用細夏布二層濾去。磁盆澄二日。去水取硝。研細聽用。取硝之時。看牙頭明方可取用。若不明亮。尚有鹹味。則是鹹未盡。不可入藥。當用前法再煎再熬一次。取其餘硝。〇此方以硝質原無他垢。唯生產地中。多雜鹽鹼結成。殊不知硝性主燃。鹽鹼主滯。若一毫未淨。則硝之力不猛烈矣。故茲必用灰汁諸物。正欲盡去鹽鹹淨還硝質之本體耳。

提硝用牛者。先搗碎。揀去砂土。每硝十觔。用牛油二觔。蔴油一觔。用有耳大新鐵廣鍋。將油入內盪過。使不沾硝。然後以搗細之硝。徐徐投入。用大木匙旋攪鍋底。勿使少停。俟硝鎔開。用細夏布笊籬。隨時撈去滓垢。其鍋口宜大於竈數寸為妙。以防火焰。其火宜用炭。不宜用柴。恐柴火焰燃入鍋內。即炭火亦不宜太旺。恐鍋熱而硝自燃。當備瓦數片在傍。以防鍋熱。蓋壓其火。待硝已化盡。將鍋撥起離火。又俟合冷澄。速以細蔴布濾入磁缸。候冷則油浮於上。硝沈於下。去油用硝。研細聽用。倘油氣未盡。則薄棉紙一層包裹硝外。入乾爐灰內。埋一二日。其油自淨矣。

又方。每硝十觔。用牛油二觔。用水煮化。以搗細之硝。徐徐投入內。其水不可太多。務使與硝相平。以木匙極力攪勻。俟鎔煮刻許。漸加以水。不可太多。務高硝面二寸為度。用細夏布笊籬撈去渣垢。再熬再撈。另以細夏布濾入有釉磁缸之內。候冷。揭油去水。取硝用。〇此方以硝中之滓垢。固為難淨。而硝中之油性。更為難淨。人知以牛油去硝之垢是矣。至若油之藏伏於硝者。一毫未淨。則硝性終不猛也。茲故先用牛油入淺水煮攪。以去渣垢。更用深水滾沸。以去油性。則庶幾油垢兩盡。而硝得純淨之本質矣。

用炭。蔴稭茄梗為上。迎春梧柳為次。杉木為下。大約輕浮之木俱可用。但木俱要盡去皮節。柳木用正月取者有力。餘法照常。燒炭研末。羅細聽用。

配合火藥分兩比例製造晒晾等法

大銃藥方。

硝四觔。　磺十二兩。　炭一觔。磺作加一零八。炭作加二零五。

鳥鎗藥方。

硝七觔。　磺十兩。　炭一觔。磺作零九之數。炭作加二零五。

火門藥方。

硝一觔四兩。　磺二兩四錢。　炭三兩。磺作加二零二。炭作加二零五。

將硝磺炭三種。先各用大銅碾碾末。羅細。照前方分兩配合一處。用淨甜水拌成。半乾半濕。決不可用井又。恐有碱氣。又不可用木石及生鐵杵臼搗之。亦不可乾搗。恐乾搗與木石生鐵之器。俱能生火。必將兑成火藥。放在銅鑲木舂。銅包木杵脚碓之內。用人着實踹搗。其人須擇小心勤慎者。勿使毫釐砂土塵蒙藥內。恐搗擊之際。砂石相磕。偶而生火。貽害不淺。倘搗久藥乾。再用水拌濕。搗萬餘杵。取出。放在手心。燃之不熱。或用木板試放。略無形跡。烟起白色。快且直者。方爲得法。可用。倘烟起黑色。木板燃焦。手心燒熱。卽用前法再搗。如法方止。俟藥已搗成。卽用粗細竹篩。其大銃藥用粗篩篩成黍米珠。狼機藥用中篩篩成蘇米珠。鳥鎗藥用細篩篩成粟米珠。惟火門藥不必成珠。但多搗數時。候乾羅細。另裝小罐待用。

或謂藥旣搗久。力自猛烈。不必成珠亦可。殊未知諸凡物理精微莫測。昔西國一兵。偶爾放銃。發彈不及數步。且聲亦不響。再過數時放之。銃又炸矣。究其藥原係美藥。火門裝法。仍皆照舊。諸人莫解。銃師

亦莫測其故。及再四推度。索彼原藥。仔細詳看。乃知此弊。原因軍人帶藥。奔走搖捏。以致炭質本輕。漸
浮於上。磺質本重。漸沉於下。所以先放無力而不響者。以炭多故也。後放而銃炸者。以磺多故也。且銃
筒多長。若用細藥。則必沾粘筒上。藥不到底。發彈無力。所以必欲成珠。則諸弊可免。但不可太粗。恐裝
不實。必如前法。庶幾可用。

俟藥既篩成珠。或用細蓆或竹筐。鋪藥於上。略用樹蔭日色照乾。萬不可用暴日夏日曬之。恐日中生火。
猝難救耳。

俟藥晾乾。用內外有釉磁罈一口。須有束頸。以便拴固。罈外須用竹絡。以便擡撥。收藥務要稱準定數。每
罈百觔或五十觔。以便分發。庶免臨營稱散倉皇而失事也。藥既入罈。先用礬紙托油紙。着實拴緊。上用
大磁碟蓋在口外。再用膠泥封固。候乾。另交藥庫之內收貯。倘各軍所領零藥。因日久發潮。或被雨水泉
水洒濕。如前法搗過。篩珠晾乾。則火藥之力仍舊猛烈矣。

收貯火藥庫藏圖說

火藥原備傷賊之用。若收藏無法。偶致自傷。其害更大。如小城用藥不多。不過分置各處靜所。封鎖嚴固。
或可無虞。至若都省邊鎮。軍興之際。未免常開局廠。終歲製造。積藥既多。若無良法收貯。如京城王公廠、
盔甲廠、安民廠、屢變之慘。豈非前鑒哉。藥庫之制。總以避火爲主。最要緊者。藥庫不可同在造藥之局。亦
不可逼近人烟稠處。更不可深藏坑窖。以致地中遊火偶發。震動地脈。延禍極廣。其庫基必擇開空高爽

之處。以避濕氣。其房屋不得多用木料牆垣。不用磚石。只用土築房簷。包入牆內。牆必包過房脊。庫門用鐵皮裹緣。不露寸木。以絕招火之端。庫房之內。用寸厚板漫平。離地一尺五寸。以絕地中遊火。四隅用磚砌曲折風孔。以通濕氣。孔內用銅網隔住。以絕外面火入。庫簷四隅。亦開曲孔透風。孔內亦隔銅網。以絕空中火入庫之內外。一槩不得鋪蓆糊紙。及堆積柴草。並蘆葦麻稭蓋瓦夾籬之類。門軍邏卒。止許居住外府。炊爨許用煤炭。不許用柴草。以絕發火之根。其庫房之大小多寡。不拘定數。大約一城之藥。不宜總歸一處。恐偶有失事。復過變驚。猝難製造。即一處之庫。亦不得接連合一。只宜一二間或三間。各爲一庫。總俱用厚築土牆。包隔各庫。彼此相離二丈餘地。庫門不得直對。夾道必曲折開。向外加土牆。上門封鎖。衆庫之外。總用厚上圍牆一道。高過房脊。總牆之外。各二丈寬許夾道。夾道之外。各築圍房一層四隔住邏卒。門俱外向。別房貯別器者。門俱內向。惟南面開門之處。多加圍牆夾道一條。高閣照前。夾道之外。造圍房一列。以數間爲官府署廳。以數間爲門軍住房。廳房門俱內向。其多餘房間。不得賃外人。出入總門。不必立大門樓。只用磚圈小門。其各門路徑。不得直通到底。俱要紆回曲折。圍房之外。各空大道一條。寬二丈。各與民房隔絕。其大道之四隅。各立眺樓一間。四面開窗。至晚各派邏卒二名在上。輪替瞭望。下安柵欄。以阻人行。其內外各門。至晚各派門軍二名看守。日間禁絕閑人出入。違者即以奸細論罪。官府入庫。跟伴不得私窺庫門。其守庫軍卒。務擇土著熟人。仍互相保結。連坐賞罰。以示鼓勵。斷不可妄用生人。以防奸細。管庫官不時巡察。稽其謹怠。

西洋另有小庫之制。即於城頭閒空之處。附城裏面磚築方臺之形。高與城等。大者見方三丈。小者二丈。周圍編以荆笆爲牆。用羊毛和泥塗於笆上。外用桐油石灰披蓋。三分餘厚。其笆裏外兩層。相距四尺。其頂尖圓。亦照周牆兩層泥塗灰蓋。門用木板。鐵包裏外。兩層曲折。安置四隅。上下曲折開孔透風。亦用銅網蔽之。以防火氣。其藥照前用罈裝貯。每庫可藏數萬餘觔。將門封鎖。只須二三邏卒輪流看管。較之大庫更爲省便。州縣小城。極宜倣此。此庫之妙。正取頂闊。不用木石磚瓦。止用荆笆。體輕料微。縱有失事。火性炎上。一焰而起。所傷無幾。萬不可將藥藏貯寺塔城樓等處。倘有不測。則木石飛揚。貽害不可言矣。當事者慎之。

西洋更有一法。存貯火藥。不可盡數合成。但將各料煉淨研細。分貯聽候。臨用。多以速臼齊衆合搗。即日可成。無患不及。若將所積之藥料盡數合成。恐積多日久。偶遇地火遊行。時有焚燒。此人事之不謹。且非天災之謂也。

火攻諸藥性情利用須知

火藥之性情迥異。火攻之作用亦殊。習此技者。若非熟知諸藥本來之力。與夫相需佐助之功。則方藥之是非可否。無從辨別。製作之變易加減。亦無從斟酌。如硝性主直。直者利於攻擊。磺性主横。横者利於炸爆。炭性主燃。燃者利於噴發。但炭有不一。茄梗、蔴稭主烈。葫蘆、竹箬主爆。楊柳性急。杉木性緩。性既有異。用亦隨宜。以上係火攻常用之主藥也。如雄黄急而焰高。石黄燥而迅烈。礦灰、皂麵、秦艽傷眼。銀黝、硇砂、磁鋒、爛肉、白砒、巴豆、胆礬、乾糞、主毒、松脂、洞油、主燒而鑽粘、潮腦、豆麵、乾漆、主焚而發旺、艾納烟聚而突起、蘆花、銀杏葉、火散而飛揚、狼糞烟焰直挺、江猪灰逆風返衝、水馬見水更急、以上亦火攻偶用之佐藥也、外有猛火油出古城國、入水愈熾、九尾魚脂出暹羅國、遇風逆裂、二藥雖難得、物藥性亦所當知、以上藥內多有非常用者、似乎不必濫稱、但爲將之道、正宜詳格物理、且偶逢奇正、或可兼資緩急、不妨咸備、若臨機應變、隨宜施用、斟酌在人可矣、

火攻佐助諸色方藥

藥製毒彈方、

硇砂、銀銹、桐油、班貓、

右各等分、研細、將鉛鐵小彈、及碎鐵碎石磁鋒等件、俱先入人中汁內浸三日、用火炒乾、將藥滚上、著敵立斃、

藥彈方、

柳屑、晒極乾一觔、　松香、三觔、　潮腦、二觔、　硫黃、一觔、　乾漆、半觔、　牙皂、一觔、　石黃、硇砂、各八兩、

右各研細末、以白芨麪或榆麪一觔、調稀和勻、做成指頂小彈、晒乾聽用、此用以近燒人馬、緊鎖皮肉、疼痛莫當、且毒氣侵發、不時斃矣、

熱餅方。

硝。二觔。　磺。一觔。　石黃。一觔。　潮腦。一觔。　乾漆。十兩。　柳屑。二觔。　芸香。半觔。

松香。三觔。　好麻。六兩。搥軟剪寸許長作線。

右各研細末。用白芨麪一觔。或榆麪亦可。調成稀糊。投藥入內。和勻。每餅用藥一兩七錢。加鉛三錢。入模印成餅子。兩旁各留圓孔。如銀錠樣。晒乾聽用。此用以燒帆篷。有如膠粘。卒難解救。燒焚之功最爲第一。

火箭藥方。

硝。十兩。　磺。五錢。　炭。三兩五錢。

右味共研細。拌勻。搗法照前。

起火藥方。

硝。十兩。　磺。三錢。　炭。三兩五錢。

右方有加蜜陀僧五錢。除炭五錢者。搗合照前造法。亦如火箭。

噴筒藥方。

硝。十兩。　磺。五錢。　炭。三兩。配合研搗悉照前法。

噴銃藥方。

硝。十兩。磺。一兩。炭。二兩。雜物在外。餘法照前。

火罐藥方。

硝。七兩。磺。三兩。炭。二兩。每火藥一觔。用雜物二觔。

地雷藥方。

硝。十兩。磺。三兩。葫箬灰。二兩。石黃。五錢。雄黃。三錢。硼砂。五錢。用桐油巴油炒過。

爆火藥方。

硝。十兩。磺。二兩五錢。班猫。五錢。搗合照前　炭。一兩五錢。

火信藥方。

硝。十兩。磺。三錢。葫箬灰。三兩五錢。此係常藥。若裝竹管亦可。

理伏走線藥方。

硝。十兩。磺。一兩。炭。三兩。班猫。一兩。白砒。三錢。潮腦。二錢。水馬。一兩。

右照前法配合。先撚熟麻線若干聽用。以薄棉紙裁成直條。一寸寬許。將麻線順鋪紙上。以信藥入內。照常加粗二倍。捻成圓條。接續相連。令其不斷。外用礬水麪糊周圍抹過晒乾。令成硬條。以免散開。外用熟油紙爲衣。再用毛竹截斷。長短不拘。上下接連套合。湊長可數十丈。以接就藥線入竹筒內。隨套隨奪。務與銃眼烘藥相連。隨機點放。可以過水。入雨水不能壞也。

又埋伏扁線藥方。

藥方照前用細布裁條。六分餘寬。以稀麪糊刷過。乘濕厚敷信藥於上。雙摺成條。用棉紙縛固。粘貼壁上令乾。揭下。用熟桐油紙封裹。外用松香三兩。黃蠟二兩。潮腦五錢。白砒三錢。雄黃三錢。石黃五錢。水馬一兩。班猫五錢。先將松香黃蠟化開。後將諸藥投入攪勻。用黃牛尾刷子蘸藥。將扁信勻刷一層。令乾。可避雨水。

飛兔飛鼠方。

即火箭起火之制。但不用鏃桿。紙筒略短三分之一。尾加後火。兩頭各繫銅絲小圈。以便走溜即是。

火種方。

不木灰。一觔。　鐵末。三兩。　硬炭末。八1。　麩皮。三兩。　紅棗肉。六兩。

右用洱水搓成圓餅。每餅重一兩。用時燒通紅。以燒過熱爐灰埋藏。可經數日。

火攻佐助方無。附餘。

放火藥方。

蘆花。十觔。不見風日。密室晾乾。再用桐油炸晒。　松香。二觔。　艾納。　潮腦。　豆麪。各一觔。　乾漆。　銀杏葉。　石黃。各半。　班猫。四兩。

右各研細末，與火藥三七配用，此方藥力迅利，飛步高遠，用以燒焚糧草營寨，見此無不著矣。

逆風藥方

狼糞、艾絨 各八兩。 江猪骨 一觔，燒灰存性。 江猪油 一觔。

以前藥合油拌勻，晒乾，研細，與火藥三七配用，此方力能闢風，凡用火攻，若風不順，必加此藥，則逆風而愈硬矣。

烽烟藥方

狼糞 百觔，晒乾研細。 柳炭 二十觔。 淨硝 十觔。 榆麪 二十觔。

先將硝用水煮化，以榆麪調成稀糊，將狼糞柳炭入內拌揉，造成斗大線香之形，晒乾，遇警燃起，烟銜半空，日黑夜紅，風吹不散。

本營自衛方藥。

解火毒藥方

烏梅 一觔。 甘草 一觔。

右共研細末，稀米糊爲丸，如指頂大，每服一丸，可解諸般火毒，

方用血餘燒灰存性，每服五錢，白湯送下，可解諸毒。

方用萬年花。 四時青。 含香木。 劉寄奴。

右各等分爲細末。米糊爲丸。如指頂大。每服一丸。可解諸毒。

避火毒藥方。

凡製造諸般火攻毒藥。必先用眞阿魏。抹擦口鼻眼耳。可免毒氣侵入。

敷火毒藥方。

瓦松一兩。雄黃三錢。

右用烏雞血。和搗泥爛。敷貼傷處立愈。

貼火瘡藥方。

鮮猪油二兩五錢。黃蠟一兩。

右先用藤黃二錢。水二碗。將黃蠟同入淨鍋。炎化製過。滾沸片時。撥起聽用。次將猪油熬化去滓。投蠟入內攪勻成膏。油紙攤貼傷處立愈。諸般瘡毒。及各樣傷處。以此貼之。俱有速效。

試放新銃說略

西洋鑄銃之法。雖甚詳備。但以各處銅鐵質體之精粗不等。地界水土之燥濕不同。以致鑄時。難保必成。即雖彼處。亦必萬分加慎。於鑄成之銃。外貌倘似完固。而內體或有疎瑕。以致試放而或炸裂者多矣。是以試放新銃。無論大小。一槩宜加謹慎。防備炸裂。其極大者。用鉅木三根。入土丈餘。夾銃而固紮之。中者用小車照常架於車上。先用半藥烘一二次。再用常藥常彈。實放二三次。然後加倍彈倍藥。點放數旬完固無變。則永無炸弊。斯爲實用之利器也。其加倍彈倍藥之說。謂以常法。大彈重五觔者。所帶小彈亦重五觔。共算十觔之數。則用藥亦宜十觔。此常彈常藥之說也。今所謂加倍者。謂將小彈外加五觔。共算彈重一十五觔之數。將藥亦加五觔。共湊一十五觔。此卽所謂倍彈倍藥也。若所加太多。則亦恐悮事。試放之際。預築鬆土厚牆。置銃於牆外。走線放之。萬無疎虞。若試狼機鳥鎗。亦須倍彈倍藥。試放數旬而無悮者。庶臨陣之際。始敢從容放心而擊敵也。

裝放各銃竪平仰倒法式

裝放高下。固在隨時取便。但諸銃所用。亦有各法不同。唯竪放。止有飛彪銃十一度十二度。攻城可用。倒放。止宜守銃一度至四度。守城時下擊可用。平放之法。最宜用於戰陣。百發百中。萬無一失。仰放之法。止一度以至六度。上下不等。大槩宜於攻銃。若飛戰銃。亦啻用仰法。但學者不可拘泥。亦不可錯悮。唯相機觀變。斟酌用之可矣。

試放各銃高低遠近註記準則法

凡各等大銃既經試放無失。必先分定各等次第。挨次編立字號。預造空册一本。將各字號。挨次登記。如某等某字某號銃一位。依法照常彈藥用平度試放。看準本彈所到之靶。多少步數。照數註記本銃之下。又照常彈藥用平度試放。看準本彈所到之靶。多少步數。照數註記本銃之下。又照常彈藥用高一度試放。看準本彈所到之靶。多少步數。又照數註記。如此依法照前自平度試起。以漸試至六度。而照數註準。

及各銃試準註完。即照册上原號原數。挨次刻記暗號於各銃之上。以便司銃者。臨用之際。量敵遠近。以爲擊放之高下也。俟各銃刻記完畢。將本册照樣其造三本。一存鑄銃官留底。一存帥府備察。一存本將教練。仍將各銃度分步數抄寫小帖。分給司銃軍士。責令熟記。以便演習此法。無論戰攻守銃。皆所必用。但守銃更宜詳悉。如城上銃既有定位。即將城外遠近地面或隘口或橋梁或要路。約量緊急去處。間常備細試放。記明如某處遠者用某度可到。某處近者用某度可到。照數熟記明悉。仍詳註暗號小帖隨身。庶臨敵之際。可從容暇豫。隨宜擊放。無有不中者矣。其註記之例。萬不可悞認彈到之處以爲定則。蓋火力迅急。多有彈已落地。仍復激起而去數里。若是乃餘氣之所飄至。實非正力之所推擊。此等苗頭。不但難於定準。且強弩之末。雖中亦無用也。其法只以彈著靶者爲準。今篇內增繪三等圖式。正防學者誤認而錯註也。苗頭親學也。謂測視遠近之準。則俗呼望遠其音如苗。

各銃發彈高低遠近步數約略

各銃大小迥異。發彈遠近有殊。用火攻者。務必預知約略。以便臨敵之際。酌量長短。隨宜施用也。

三號大銃。用彈三四觔重者。平度擊放。可到四百步。仰高一度。可到八百步。高二度。可到一千四百步。高三度。可到一千八百步。高四度。可到二千步。高五度。可到二千一百步。高六度。可到二千一百五十步。計一千零七十五丈。合六里地。若高七度。則發彈太高。從上墜落。其彈無力。且反近矣。諸凡放銃平仰度數之法。皆可以此例推。

二號大銃。用彈六七觔。重者平放。可到七百步。仰放可到三千五百步。頭號大銃。用彈九觔。重者平放可到一千步。仰放可到五千步。

頂尖飛龍戰銃。用彈二十觔。重者平放可到七八里。仰放可到三十餘里。攻銃彈重十觔至四十觔者。平放可到五百步。仰放可到一千五百步。以至五千步。

小銃狼機。用彈重半觔至一二觔止。平放可到三五百步。仰放可到二三千步。

大銃狼機。用彈重三觔至五觔者。平放可到七八百步。仰放可到三四千步。鳥機鳥鎗平放可到百餘步。仰放可到三百步。火箭亦同。

以上俱係約略之數。蓋以銃塘有長短不同。藥性有緩急不等。裝法有鬆緊不一。故不便執定細數。以滋疑慮。倘必欲細數。亦必將各銃依法備細試驗。註記明白。方可定數。以爲準則也。

教習裝放次第及涼銃諸法

西洋教練火器。未肯令草率粗疎之人。便許當兵食糧。必令有學教官。大設教場。聽從民間願習武者。各開籍貫投詞。里老親族。連絡保結。送入學內。投拜學師。各居肄業。教官量材教授各藝。朝夕演習。就如幼童學藝一般。不得時刻間斷。以期速成。俟藝將熟。教官自行十日一考。先將應用什物查看。如一有遺忘。一不如法者。即照例行罰。次以考藝簿册。每人各居一行。註名於下。上三等九級款例。隨藝塡註高下。進者有賞。退者有罰。原等者免罰。再次原等者。並責示儆。以爲激勸。三次原等者倍責。四次原等者再責。五

次原等者免貴。逐同改業。又約學藝限期以一季爲度。必欲造成。若逾期不成。即行革退。不許復留。以滋
勞費。其一應器械飯食。悉係官給。學者一無所費。但亦無糜糧。必俟學成精藝。方許教官開送選武官處。
先將一切器械藥彈等件。逐一察驗。是否全備合法。驗畢無差。然後試演各技。大約以十發而僅中五六
者。止稱通藝。不准收用。仍令同學再習。十發不差一者。稱爲成藝。方准收入營內。厚給糜糧衣甲等件。候
用立功。即名武士。其體儀服飾。咸旌異之。以示高貴。百發不差一者。始稱精藝。其給糜旌異超等優示。其
教官之責。即以所教武士技藝之精粗多寡。以爲升降賞罰。其餘法製。另詳將略練藝卷內。
凡初學火器。無論大小新舊。切不可遽用常藥裝放。蓋銃冷及天冷。雖厚者亦怕驚裂。必先用半藥烘過
一二次。然後照常裝放。屢試無病。方可以授學者。凡初學切不可用他人及未經慣者裝造之銃。倘偶有
裝成者。亦必用搠杖探過深淺如何。然後可免疎虞。
凡彈必要逐一看驗圓潤與否。務與銃相合。仍將各彈俱要裝入本銃筒內。上下滾過不礙。止略小一線。
則出使利。而銃亦不受傷。
凡初學。先將銃身安置平正。以照門照星。對准靶子。令學者做成架勢。著信藥放火池內。傍著一人點火。
看烟起時。頭不仰避。目不閃動。然後令其自點。看頭目兩手不動。然後著藥在內。撞緊筑放。看銃響時。身
子頭眼俱不慌亂。然後著彈打靶。蓋初學秘法。全在循序而進。久練熟慣。以使膽壯心定。則技自能漸精。
若不循次序。遽令著彈打靶。則心驚手顫。諸弊不可除矣。凡裝銃必先以銃箒細細掃淨。然後裝藥下彈。

蓋恐銃筒之内。略有砂土。則出彈猛烈而壞矣。

凡裝藥。用合式銅鍬。素經量秤藥數。有定準者。每次用藥一鍬。裝入筒内。底邊用藥搗搗緊。然後下彈。又法恐用鍬稍遲。先以竹木照銃口空徑。或布或褄紙。照樣做成藥袋。長四徑有餘。量准藥數定規。俟裝滿封固縛緊。照銃口略小一分。以便裝入。不致滯澀。上書以號。以免差悞。臨用裝入銃腸搗緊。以鐵錐破其布紙。用信藥引放。尤覺便利。不致遲悞。

凡裝彈。先用故絹包裹縛勻。或故布亦可。塞入銃腸。庶免寬而滾溜。又須緊貼藥上。則火力猛烈。出彈自遠而且準矣。

凡打靶。先以右眼對照門。對照星。照星與靶或偏上下。學者必須備細詳察其性。看其所發之彈落頭偏向如何。隨偏湊就。則萬無一失者矣。凡銃靶以木爲框。高六尺。闊一尺五寸。外釘蓆席。糊蓋白紙。上書紅日三輪。立於平淨鬆土之地。以便彈落塵起。得知落頭偏向之病。其靶之遠近。如小者自六十步起。以至百步。大者自百步以至二百步。若太遠則眼力有限。不便看利弊。

凡銃若放火筒熱。則以銃帶蘸米醋。攪潤内外。則醋行火斂。不必待涼而可裝放。

凡鳥鎗放法。西洋多站立。側身向前。以單手挺架而點放者。亦有左手之下加一拄杖者。蓋因彼處戰鬭。多用步兵。且器技相等。兼以習慣藝精。拚死鏖戰。始宜此法耳。若教練我軍。以禦強虜。自非攢簇結陣而進。萬不能當。今之鳥銃。又有於前床一尺之下。順安指大支棍二根。長二尺。於棍頭二寸之際。鑽孔以粗綿繩拴繫活扣。可以交叉為鼓架之形。臨放先將支棍架定銃首。銃士蹲踞。以銃尾安架左膝之上。庶前後穩當。不致搖動。而可從容以討準矣。放完將支棍順床拴定。更為輕便。

凡初學秘要。首欲習慣精熟。練壯胆氣。以從容審決。必中為主。若略生疎。則手慌心亂。慌促必難命中。且行軍所帶藥彈有限。臨敵忙迫裝放。亦甚艱難。况火器又在諸器之先。交鋒之始。凡欲壯我軍之胆。挫敵人之氣。勝負關頭。全在此銃之中與不中。又豈容莽撞亂放。以致僨事哉。司教練者謹記之。

運銃上臺下山上山諸法

俗謂西洋火銃雖精。但恐沉重。不便行動。殊不知西法每銃必配有銃車。其制作堅利活便。可以任意奔馳。即升高渡險。亦另有起引之法。可以運重為輕。而不致阻滯也。

運銃上臺。先於臺下挨邊之際。設立起重一架。又挨邊安設直引重一具。臺後安設橫引重一具。各用寸徑粗麻繩一根。先將銃車起至臺上。次將各繩同拴大銃耳際。務令兩頭輕重適均。每器用壯夫四名。齊力絞轉。雖極重之銃。可以頃刻而升起矣。俟銃上臺。更加升起數尺。即將銃車安置銃下。將銃從容放落。安置停妥。又省後來另為安置之勞也。

運銃上山。先將大銃照常安置車上。次於山上路徑。隨處修平。毋令欹斜。以致傾跌。於轉灣之處。用引重二具。各以寸徑粗繩。同拴銃車鐵環之上。每一引重。各用壯夫四名。齊力絞轉。引至灣處。將車轉過向前。依法引去。雖極高遠之山。亦可繇漸而上升也。

運銃下山。亦用引重二具。將繩滿纏軸上。置於銃車之後。以繩頭拴緊車尾鐵環。銃車左右。用壯夫四名或六名。各持鎗棍。以備轉車之用。兩旁扶車而行。車後引重各用壯夫四名。將引重轉棍極力持握。從容漸放。庶衆車就下之勢。不致滾溜而傾跌矣。俟繩已放完。將車墊穩。引重挪近銃車。將繩滿纏軸上。照前從容漸放。過轉灣之際。將車轉過。照法放行。

火攻要略附餘

凡火攻之事。干係甚大。若少不如法。非止無益。且傷害甚慘。故凡所得方法。雖稱異傳。然亦不可輕用。以致誤事。必先度量理之是非。再加親身試驗。如果真準。然後用之。庶幾可免疎虞矣。

凡大小火器。大約必宜本營如法自造爲妙。萬一不便。偶用官銃。或買新銃。或陳久舊銃。斷不可輕用。以防誤事。必先自驗體質堅瑕。如何製作。短長厚薄如何。銃塘光直如何。火門高低如何。果係合式。即照前法試放數回。庶可放心禦敵。若體有蜂窩漏眼。及銹爛深窪。此銃終必炸裂。萬不可用。若銃形頭大尾薄而身短者。則發彈不遠。亦不能命中。且顛躍崩潰諸病。定不能免。亦不可用。若銃不光。則發彈不遠不準。且亦易熱。必照前法另行鏇過。或三次或五次。定以圓淨光直爲止。則放時斯有實用。若火門太高。則銃必然倒坐。當以探杖先量塘內銃底若干深淺。再量外邊火門是否相合。倘高幾許。即將原眼用鐵條釘閉緊密。塘內眼縫。用不木灰調泥研錄。另於緊挨銃底之際鑽火門。則可免倒坐之弊。若銃係生鐵。則難鑽孔。必量準火門比銃底果高幾許。即以幾許厚銅片一塊。照底徑鏇圓。嵌入銃底之上。用鐵搥緊嚴密。

旁邊微縫。亦以不木灰調泥研鎔。俟乾可用。若小器火門。用久爲火力噴大。亦當以時常修理。

凡鉛鐵石彈。亦宜本營照依銃口如法自造爲妙。若用官彈。則大小徑度。斷不能合式。且長偏歪斜。及鎔口縫稜。斷不可裝用。倘萬一無奈。偶用官彈。宜將大小各等。比熖銃口。分配停當。只許略小一膜。遞入銃內。滾溜無礙。方爲圓厚合式。若太大太小及歪偏者。必宜改鎔。若鐵彈有稜。須將彈燒至紅熟。鉗置圓窩鐵砧之上。用錘趁熱打圓。如一火不勻。再燒再打。必以圓潤爲止。若鉛彈有稜。用刀削圓。仍以鐵滾槽滾過。亦以圓潤爲止。

凡火藥亦宜本營自造爲妙。倘官藥。亦必察分兩是否合法。藥形成珠與否。燃手心或熱與否。方可試用。若藥料有差。或不成珠。或潮濕。或燃手尙熱。俱要另行配足。搗過如法方止。

火攻根本總說

世之論兵法者。咸稱火攻。論火攻者。咸慕西洋。此言固爲定論。然而西銃之傳入於中國。不止數十餘處。其得利者。止見於京城之固守。涿鹿之阻截。甯遠之力戰。與夫崇禎四年。栞中丞令西洋十三人。救援皮島。殄敵萬餘。是其猛烈無敵。著奇捷之效者此也。及遼陽廣陵濟南等處。俱有西銃。不能自守。反以資敵。登州西銃甚多。徒付之入。而反以之攻我。昨救松錦之師。西銃不下數十門。亦盡爲敵有矣。深可歎者。同一銃法。彼何以屢建奇勳。此何以屢見敗績。是豈銃法之不善乎。抑以用法之不善耳。總之根本至要。蓋在智謀良將。平日博選壯士。久練精藝。膽壯心齊。審機應變。如法施用。則自能戰勝守固而攻克矣。不則徒空有其器。空存其法。而付託不得其人。是猶以太阿利器。而付嬰孩之手。未有不反以資敵而自取死耳。諺云寶劍必付烈士。奇方必須良醫。則庶幾運用有法。斯可以得器之濟。得方之效矣。

火攻挈要卷下

攻銃說略

西洋攻銃極大名虎嘯、獅吼、飛彪諸種。用鐵彈重百觔。至五六百觔者。蓋取彈重力大。用以攻擊堅城。無有不崩潰矣。但銃體重滯。少則數萬觔。多數十萬觔。斷非車輛馬牛。及人力所能運動者。其法卽於敵城之外三五里之內。擇有山岡崖岸墩臺之處。或立築活機城臺。以避城中外擊之患。次於平城築起土臺。計算尺量。卽就臺心。於模底之上。預爲徑寸泥繩。以爲火門之模。造完看實煉乾。旁置大爐數座。將鐵一齊化開。注入模內。俟稍冷。將鐵取出。火門通開。灰土掃淨。不須鏇塘。齊口。卽時可用。其飛彪銃。亦有就地挖模鑄成者。但鑄造之際。定要算就銃規十一度之例。以定模體。則俟銃之鑄成。不必挪動。卽可裝用。蓋因銃重實不能挪動故也。如虎嘯獅吼。則於鑄成之時。卽於鑄旁地上。酌量銃規。比照攻城度數之例。應得寬窄高下。如何開挖停當。將銃放倒。卽可裝用。蓋亦以銃體太重。不比他銃。可以置之車上。任意轉動故也。

盪翻說略

盪翻之說。卽轟城之別稱也。中國亦多有用之者。但西洋不過運用有法。更爲猛烈而已。其法必先酌量城之遠近。池之深淺。挖通地道。正對地底中心。不得高下歪斜。以致差悞。其裝藥之處。必照城體挖長裝滿。則所撳城口必闔。若堆積一處。則所撳城中亦窄矣。又必於城底中心。略靠外邊裝藥。則城之磚石泥土。必俱飛落城裏。若靠裏裝藥。則磚土必飛落城外。又恐反傷我軍。用藥定要多者萬餘觔。或數萬觔。裝滿洞腸。預將大竹劈開去節。用拳粗藥信接長。油紙封固。安置竹內。插入藥洞。長通外口。藥洞之旁。用鉅石乾土築實。臨用將走線照引入內。其藥力猛烈。撳揭鉅城。如揭紙條。若用藥太少。則火力微弱。其城不過崩裂而已。斷不能撳揭數丈。而立破大口。以便進我兵馬也。

以上二端。係西洋攻法之最猛裂。最機秘者。無論城之堅瑕與否。凡一經此法。則從來未有能自保存者矣。

模窖避濕

凡銃模埋入窖內。四圍必用乾土築實。但遇春夏之際。雖二三日內。亦必有地氣上升。以致蒸濕模體。則銃不能鑄矣。其法先於窖底之下。以硬磚捲起橋洞。橋上用石條黃土鋪平。以安銃模。裏外各用竹筒。下頭插入洞內。上頭向外通氣。則可免蒸濕之患矣。

木模易出

凡用乾木造模。若經濕泥塗上。其木模必將泡開而漲大矣。日後必然難出泥模。其法於木模既成之時。先用熟礬水厚刷一次。蓋取礬性能隔水氣。濕泥不能泡之謂也。候乾。用砂皮磨光。將羅細炭灰。以清水調成稀糊。刷在模上。一分多厚。要勻要光。候乾始上炭灰。上泥蓋。取炭灰體質鬆浮。以便日後欲取木模。

則不必費力而一敲可去矣。

泥模須乾

其鑄銃泥模。務於萬分乾透。並用炭火燒過。然後可用。若微有潮氣。則銅鐵入內。必定噴出而不全到矣。縱到亦必有蜂窩漏眼。終爲棄物矣。

模心易出

其模心上泥。待上九分徑許。用指大粗麻繩。從頭密纏至尾。又用泥上勻。盪光候乾。再用羅細煤灰調濕上勻。候乾聽用。其用粗繩密纏之意。蓋取熟銅注入模內。繩體必化爲灰。銃冷之後。則模心寬蕩可易出矣。若模心用泥。則熟銅注入。其泥亦燒熟成磚。且與銅體攙成一處。任用何法。亦不能取出矣。

兌銅分兩

凡鑄銅銃。必先將銅煉過。每銅百觔。參兌上好碗錫八觔。則銅始剛柔得中而堅壯矣。若全不用錫則銅體必過於脆。若兌錫太多。則銅體必過於柔矣。

爐底避濕

大爐化銅。爐底之下。最怕地氣上蒸。雖燒過極乾之爐。臨期未有不潮濕者。若不預爲防避。即銅雖化開。其貼底一層。必然凝滯。有誤鑄時之急用矣。其法於爐之下。預將硬磚捲成十字空洞。與火池相通。四旁開竅。以通濕氣。則化銅之際。可免凝底之弊。

化銅防滯

將欲化銅。先將大爐燒至通紅。然後下銅。其銅即於大爐發之際。先另用小爐燒紅。然後送入大爐。以後添銅入爐。俱要燒紅。方可送入。庶免冷銅攙入。以致凝滯之弊。

設棚避風

化銅之際。更怕起風。刮散火力。則銅必然難化。又銅化開。出離爐口。經過溜槽下模之際。亦怕起風吹冷。銅汁半途凝凍。則銃亦難鑄成。其法先於臺上四圍。搭起蓆棚三丈餘高。以避刮風。頂上免搭。以通火氣。俟銅化開。將出口之際。先將大爐口邊。與模口邊。及溜槽內。用炭火着實燒紅。仍用蓆排棚數扇。將模口爐口溜槽等處蓋嚴。以避寒氣。則凝凍之弊。概可免矣。

爐池比例

爐池大小之制。先用法算合銅體相當之數爲妙。若太小則不能受銅。若太大則枉費火力。其法以周圍上下方徑一尺之地。可鎔銅三百六十三觔。執定此數爲準。則知用銅多寡。應造池之大小。其法可例推矣。其深淺之制。不可太深。亦不可太淺。蓋太深則凝底。太淺則費火。其法必以一六之數比例推算。庶爲合式。如池之深徑該用一尺。則寬徑橫直應得六尺是矣。

銃身比例

凡鑄銃用銅。必先數定本數。於足之外。略餘二分爲妙。若太多則空費火力。太少則鑄不滿矣。其法以本銃所用合口鐵彈輕重之數爲準。合銃身一徑以十一倍算之。則知每徑應該用銅若干之數。如鐵彈重十觔。則銃一徑應得用銅一百一十觔。如彈重三十三斤。則銃身共該用銅三千六百三十觔。常用大銃。悉以此法比例推算。毫無差謬。若飛彪、狠機、象銃、噴銃。不在此例。倘算鐵銃。則以十倍算之足矣。

修補銃底

凡螺螄銃底。倘日久有壞。不知筒內深淺長短如何。不便造補。必先將筒內用墨塗黑。以便紙一片捲作小筒入銃後門。將紙撒開。用小圓砑砑之。即可印出筒內鍬形。然後照樣碓成補入。庶免差誤。

修整灣銃

凡鳥鎗用久。或偶爲他物壓灣。則銃不可用矣。其法先將銃身烘熱。用合口鐵条。以絹包裹。放在筒內。安置厚板櫈上。用木棰顛直。再吊一線。看其灣在何處。再顛可也。

彈藥比例

火銃既分戰攻與守。其銃塘自有淺深異制。遇禦敵亦有遠近殊用。故配藥更有多寡異宜。司火攻者若不預定約略。謹記熟練。倘臨期誤用。貽害不可言矣。

凡火器量彈用藥。小者彈作五分。藥作六分。中者彈藥相均。大者彈作六分。藥作五分。此尋常比例之略數也。凡公孫、蜂窩、練彈諸種。所帶銅條鋼練小彈。及碎鐵碎石藥彈等物。俱作彈數分兩配藥。其大小相配比例之法。又以大彈每重一觔。小彈等物亦重一觔。此定則也。萬不可太多。若飛彪象銃。則又以塘寬發近、大小彈物必欲裝滿銃口爲度。蓋取其擊寬而斃衆也。

凡攻銃體厚。更欲推空。彈藥俱可均用。鳥鎗、鳥機、狼機之屬。又以筒長擊遠。配藥必用加二加三。庶藥多力猛而能遠到。飛彪、象銃、噴銃所裝藥料彈物極多。且塘寬遠近。用藥只須四分。彈作五分可也。尋常大銃。只是彈藥相均。不必加減。守銃務於擊寬。用彈必帶小彈諸物。且多朝下倒放。其彈藥亦必均分。庶幾有力。

彈銃相宜

凡火器之道。不過遠近寬窄之妙。用其鉛鐵石彈等物。亦有堅脆聚散之殊能。故必隨宜酌施。庶戰守攻取。不致臨期之誤事矣。

凡鉛彈宜於鳥鎗鳥機及小彈之用。蓋取體重透甲而傷命也。凡鐵彈宜於大小狼機、戰銃、攻銃。蓋取其體硬以便擊遠攻堅破銃之用。凡石彈宜於短銃近發者。蓋取其體脆。凡火碎裂散寬而斃衆也。

凡小彈諸物宜於守銃戰銃。獨不宜於攻銃。蓋戰與守悉利寬而傷衆者。惟攻則止用獨彈。力能摧堅足矣。

彈制說略

西洋只以攻銃始用鐵鑄獨彈。蓋取以堅攻堅之意。若戰與守。則不過取傷人馬足矣。其彈又不在於大而堅。而在於寬而廣也。蓋謂獨彈之用。如徑大一寸者。其力止能擊一寸之寬。如徑大五寸者。其力亦止能擊五寸之寬。若差半寸之外。則斷不中敵矣。西洋所謂大銃而小用者。深可惜也。是以大銃有分彈、鍊彈、鬮彈、散彈之製。戰銃、守銃、狼機、鳥機、鳥鎗。有公孫之製。象銃、噴銃、飛彪。有蜂窩之製。此非故為博巧炫奇。止係深心物理。變化多方。窄銃而得寬用。小銃而得廣用之利矣。跡淺意深。慎毋忽之。

製彈說略

銃彈雖稱首利之器。然亦有傷人不死之時。蓋謂彈物若果中人致命之處。則頃刻可斃。不待言矣。倘僅中腿膀厚肉。穿皮而過。則雖受傷。或亦未必死也。是以西法於公孫蜂窩所用小彈。及碎鐵碎石藥彈等件。必俱用礦砒諸藥。如法製過。庶略沾皮肉而人可立斃。西法所謂弱彈而強用者是也。

裝彈機宜

凡大銃用蜂窩彈者。必將碎鐵碎石。用朽絹或朽布各薄包一層。安置銃之中心。將小圓彈安放傍邊。庶發彈之際。不致傷銃。其封口大彈。照常更小一分。庶發彈之際。不致推塞。又免炸裂。其大彈亦用朽絹或朽布包裹。以免滾動之弊。用公孫之法亦然。

裝藥比例

凡裝藥比例之法。銃規已詳備矣。倘偶無銃規。不知彈重多少。應該用藥若干者。見本銃口徑為準。如用鉛彈則裝藥五徑為度。用鐵彈則裝藥四徑為度。石彈則裝藥三徑為度。蓋謂鉛鐵與石輕重不同故也。其彈亦以合口為準。若彈大小則不符矣。此係約略秘規。其法止與常數相合。依法用之。可免臨時錯誤

火攻挈要

也。若用公孫蜂窩。

藥信說略

凡藥信之製。最似
其說爲何。蓋以細
以造信之時。必欲
可以在人火門。且

遠近之節

中國徒有火攻。而
火器極力聲放。及
度能到三四百步
而後發。此謂長器

衆寡之用

或前哨零賊。始來
探。不必盡發諸器。
藥不多。而零賊亦不

寬窄之宜

或敵兵四圍蜂擁衝來。而我猶以尋常彈銃擊之。致彈少賊多。不能盡殄。是不識寬窄之宜。利器而鈍用也。今則不拘常法。如敵兵四面圍繞。必另以公孫蜂窩諸術。近發寬散。如風捲潮奔。雖敵兵愈衆。必愈斃於羅網矣。

救衛之備

俗謂兵家諸器無如火器爲勝。然而臨敵久戰。或銃熱難裝。或彈藥偶缺。或風雨不時。即火器亦有不可以專恃者。又謂火器之用。唯能以遠擊爲勝。然而敵兵未有先遠而後不漸近者。是以必宜周慮始末。至計萬全。長技與短技間迭而出。兵器與火氣互相爲助。擊法與衛法兼資以用。且更以堅車密陣。剛柔牌盾。連環部伍。長短兵器。遠近相救。彼此相衛。此時雖不用火攻。而虜之快馬利矢。亦無所以逞其能矣。而況火攻更自有妙用不絕者乎。必如是轉變不窮。完固無缺。則庶幾戰勝守固。而敵莫犯矣。

斬將說略

西洋臨敵交戰。必先以法取其主將。其法首欲伺明敵將之蹤。蓋將蹤外狀。必有潛藏。而招標暗號。不無稍異。我既以稍異而知是將。則將平日所派每隊另備最準狠機一位。彈用公孫之法。更擇精技數人。司之。每面約備數十處不等。臨敵不許隨諸器同放。專備斬將之用。俟敵將近。號令諸銃悉向來將。如雨注蝗集。拱聚而擊。勢若萬虎攢羊。從來未有能脫者也。

擊寇說略

凡敵兵恃強。故使寇賊前來窺犯。我則嚴戒士卒。不許輒動。全營諸器。肅靜以待。預令原備斬將器技。兼備擊寇之用。俟其將近。酌量銃力可及。號令該司隨便擊打。則寇賊將來斷然不敢輕犯。而我之全營火力亦不致於空費矣。

擒衆說略

凡敵兵令嚴。如蜂擁蝗聚。拚死前進。則斷非尋常器技所能殄滅也。必更用寬塘象銃噴銃。彈用公孫蜂窩之法。俟其到近。號令諸銃寬散迭擊。則銃內所發小彈及碎鐵碎石藥彈諸物。如浪滾潮湧。萬火齊發。敵兵雖衆。安得不悉死於火陣乎。

驚遠說略

凡敵兵遠來。我欲令彼驚潰。則先以遠鏡看明敵營所在。次則測量地步遠近如何。再以銃規算合所到度數。出其不意。以飛龍大銃。炤準營頭。連發數彈。如雷從天降。即雖強敵。亦未有不驚散而奔潰也。

驚近說略

凡敵兵到近圍營死進。我則炤常隨機迭擊。俟發彈數次。銳氣少挫之際。潛令合營各用大小響彈。兼以響頭火箭。出其不意。忽然向敵齊發。聲若萬龍齊吼。令敵莫測其故。有如天降神異。敵雖萬分精強。偶而聞此。亦未有不魂飛而膽裂也。

以上五端。俱止就火攻而言。其餘機秘。另詳將略各卷之內。

攻城說略

凡攻堅城。先必遠駐五六十里之外。俟夜半之際。多方虛聲。令其倉惶。徐察稍瑕之處。暗用管土活城之法。架護大小攻銃。先以中彈推到城垛。使守卒不能存站。次以鑿彈破其城磚。末以虎獅哮吼大冏彈攻其牆心。如扇軸排拱攢集而擊。城雖堅固。未有不立破也。又有以飛彪鉅銃。滿裝大小彈物。從外飛擊城中房舍。無不摧裂。更有鰲翻挖洞。穿入城底。實藥千萬餘觔。掀揭鉅城。如紙飛空。此皆西洋攻城最猛之技。全恃火器之功力也。

守城說略

西洋城守。所用火攻。無甚奇異。但凡城之突處。必造銃臺。其制揑腰三角尖形。比城高六尺。安大銃三門或五門。以便循環迭擊。外設象銃。以備近發。設鍊彈以禦雲梯。台上另築眺臺二層。高三丈。上設視遠鏡。以備瞭望。且各臺遠近左右。彼此相救。不惟可顧城腳。抑可顧臺腳。是以臺可保銃。銃可保城。兵少守固。力省而功鉅也。

水戰說略

西洋水戰。所用火攻。雖以大銃爲本。亦更以堅厚大船爲基。海上戰船。大者長六十丈。闊二十丈。中者長四十丈。闊十二丈。小者長二十丈。闊六丈。底用堅大整木合造。底內四圍。用鉛澆厚尺餘。船體分隔上下三層前後左右安設大銃數十餘門。其彈重五觔起。以至數十觔。其戰法專以擊船爲主。不必擊人。先以一人坐於桅斗之上。用遠鏡窺望。俟敵船將近數里之內。用銃對準擊放。不必數彈。敵船立成虀粉。敵兵盡爲魚蝦。且更有鍊彈橫截船桅。如利刀斬草。有噴銃藥彈燒毀船篷。如燒紙片。自古水戰之法。技擊之強。猛烈無敵。亦稱西洋爲甚極矣。

以上三端。亦就止火攻而言。其餘機秘。另詳將略各卷之内。

火攻紀餘

凡城中擊外。當攻其堅。又宜寬散。蓋謂堅處必彼之技擊所在。寬散則傷彼者衆矣。城外擊内。當攻其瑕。又宜攢聚。蓋謂瑕處則易攻。攢聚則易破矣。

火攻問難

或問兵法。必以火攻致勝。其說是矣。倘敵人亦有則如之何。答曰。若兩火相敵。惟用長器而遠擊者勝。若兩長相敵。唯裝放有法而疾速者勝。若兩法相敵。惟胆壯心齊而用命者勝。

火攻索要

夫火攻何以重西洋乎。爲其能遠能準。又能速也。是以人莫能敵。最可貴者此也。故凡習此技者。必究心於所以然制造之法。與所以然運用之方。得其要領肯綮。則凡銃皆可化西銃矣。否則徒恃無敵之虛名。而不獲致勝之實效。雖有西銃何補哉。

火攻愼傳

兵法所以禦亂也。若匪人得之。則反足以生亂。況火攻又係兵法中之最猛者乎。西師之所以不肯輕傳者。爲此故也。且又嘗有言。凡軍國秘機。雖云不可秘傳。然更不可妄傳。諳茲技者謹戒。

火攻需備

火攻雖稱兵法之首務。然亦不過兵法中之一着耳。若以總端言之。則部伍營陣之制。刑名分數之法。勸諭鼓舞之方。臨敵戰鬬之秘。數者之於兵法。孰非緊要之機宜乎。是故以火攻論火攻。則凡事務於精詳。必自能得制敵之勝算。似未必獲全局之成功。然則習火攻者。更當於火攻之外。兼求完備之道。斯可矣。

火攻需資

西洋火攻最精。爲其器精。而兵更精故也。殊未知精器必須厚價。精兵必須厚餉。孔子言足兵必先足食。言教之必先富之。其意固已深矣。然則論火攻者。又不得不先爲理財計。

火攻推本

火攻之士卒。固貴胆壯心齊而用命矣。然胆不易壯。心不易齊。命亦不易用也。必須賢能良將。有完固必勝之略。能使士卒內有所恃。外無所懼。則胆不期壯而自壯矣。有威名節制之方。常與士卒恩威並用。賞罰分明。則心不期齊而自齊矣。是則恩信結之於裏。功利誘之於前。嚴刑迫之於後。則命不期用而自無不用矣。有此良將。又何患火攻之不精。功績之不成哉。

歸源總說

嗟嗟代不乏人。堂堂中國。豈乏良將。是何國初。高皇帝崛起草莽。偏多如許賢能。而能逐胡元於全盛。今金甌鞏固。將士雲屯。而反屢挫於小醜。其故何也。蓋以良將之出沒。關世運之盛衰。豈今人民過惡深重。獲罪於天。故令我列闢昏懦。縱茲闖賊狂逆。以爲假手罰罪意乎。安得懇求上帝回怒發慈。大赦衆罪。速降良將。盡殄妖氛。永建太平。予日望之。

王雲五主編
叢書集成初編

火攻挈要

附火攻諸器圖

中華民國二十五年十二月初版

講授者 湯若望
筆述者 焦勗
發行人 王雲五 上海河南路
印刷所 商務印書館 上海河南路
發行所 商務印書館 上海及各埠

＊D七一〇二
徐六